西安交通大学 XI'AN JIAOTONG UNIVERSITY

钱学森学院 QIAN XUESEN HONORS COLLEGE

西安交通大学少年班规划教材

U0719804

物质结构与性质

Material Structure and Properties

主编◎和玲

西安交通大学出版社

XI'AN JIAOTONG UNIVERSITY PRESS

图书在版编目(CIP)数据

物质结构与性质 / 和玲主编. — 西安：西安交通大学
出版社，2023.11(2025.8 重印)

西安交通大学少年班规划教材

ISBN 978 - 7 - 5693 - 3398 - 5

Ⅰ. ①物… Ⅱ. ①和… Ⅲ. ①物质结构－高等学校－
教材 Ⅳ. ①O552.5

中国国家版本馆 CIP 数据核字(2023)第 161778 号

书　　名	物质结构与性质	
	WUZHI JIEGOU YU XINGZHI	
主　　编	和　玲	
责任编辑	王　欣	
责任校对	王　娜	
封面设计	果　子	
出版发行	西安交通大学出版社	
	(西安市兴庆南路 1 号　邮政编码 710048)	
网　　址	http://www.xjtupress.com	
电　　话	(029)82668357　82667874(市场营销中心)	
	(029)82668315(总编办)	
传　　真	(029)82668280	
印　　刷	西安日报社印务中心	
开　　本	787 mm×1092 mm　1/16　印张 11.375　字数 293 千字	
版次印次	2023 年 11 月第 1 版　　2025 年 8 月第 2 次印刷	
书　　号	ISBN 978 - 7 - 5693 - 3398 - 5	
定　　价	36.00 元	

如发现印装质量问题,请与本社市场营销中心联系。

订购热线:(029)82665248　(029)82667874

投稿热线:(029)82664954　QQ:1410465857

读者信箱:1410465857@qq.com

前　言

　　"物质结构与性质"是针对少年班学生预科二阶段的学习而编写的一本教材,旨在帮助少年班学生继预科一阶段的化学学习之后强化其"物质结构与性质"的基础知识,同时,培养少年班学生化学整体素养、知识结构和基本技能,为未来成为科学家打下良好基础。

　　"物质结构与性质"概括了无机化学中的原子结构与元素性质的周期性、分子结构与共价键、固体结构与金属键和离子键、配合物结构与配位键等章节所涉及的基础知识、基本概念、主要理论、相关应用及研究拓展等,突出地展现了物质结构基础。

　　通过本课程的学习,学生将掌握物质结构基础理论与基本知识、掌握物质结构基础理论与元素和典型化合物性质的对应关系、掌握过渡金属化合物性质的基本规律性,具备应用物质结构理论思考和解决相关问题的能力,为进一步学习和研究化学问题奠定良好的基础。

　　由于时间仓促,书中定会有不足之处或疏漏,敬请专家、学者、读者批评指正。

和　玲

2023 年 10 月

目　录

2

第0章 绪　论

Chapter 0　Introduction

为什么要学习这一章？

化学作为"中心科学"，与其他自然科学之间互相影响和互相渗透，不但推动了化学研究和化学理论的进一步发展，也促进和推动了其他自然科学的飞速发展。因此，你需要了解和"物质结构与性质"相关的化学发展情况。

本章的核心内容是什么？

化学的发展与分支简介，以及相关的化学发展动向和趋势。

需要的知识储备有哪些？

化学的初步认识及高中无机化学基础知识。

化学的基本任务之一是根据社会的需求和应用的要求，合成制备出具有特定化学组成和结构的产品。物质的结构决定了物质的性质，而生产和科学的发展不断地需要具有特定性能的材料，为化学合成提出新的课题和要求。化学是在深入到原子和分子的水平研究元素、化合物和材料等物质的组成、制备、结构、性质、应用和相互转化规律的科学。因此，化学是自然科学的基础学科之一。

化学作为"中心科学"的地位越来越受到人们的重视，这促进了化学科学的迅速发展。主要表现为化学研究的深度和广度不断扩大、新的物质结构层次和研究领域不断被开拓出来。化学的研究对象的层次也扩展为原子、分子、分子片、结构单元、超分子、高分子、生物分子、纳米分子和纳米聚集体、原子和分子的宏观聚集体、复杂分子体系及其组装体等十多个层次。

在长期的科学发展过程中，化学学科与其他自然科学之间互相影响、互相渗透，不但推动了化学研究和化学理论的发展,也促进和推动了数学及其他自然科学如物理学、生物学、天文学、地质学、材料科学等的发展。化学从多个方面为人类社会发展做出贡献,从人类的衣食住行到高科技发展的各个领域,处处都有化学研究的踪迹,人们正享受着化学发展的成果。特别是人类社会正面临着资源、能源、材料、环境等众多问题的挑战,给化学的进步提供了广阔的空间,在发展新材料、新能源与可再生能源科学技术、生命科学技术、信息科学技术及有益于环境的高新技术中,化学工作者都将发挥十分重要的作用。

0.1 化学的分支

依据化学发展的特征,可将其分为古代化学(17 世纪以前)、近代化学(从 17 世纪中叶到 19 世纪末)和现代化学(19 世纪末至今)。近代化学进展主要表现在元素概念的提出,燃烧是氧化过程的理论,原子学说,元素周期律,有机化学、无机化学、分析化学、物理化学等的分化。20 世纪以来,化学家已用实验打开原子大门,用量子理论探讨原子内的电子排布、能量变化等。随着 20 世纪 60 年代电子计算机被大规模地引入化学领域,分析测定从定性和半定量化向高度定量化深入,为化学研究提供了重要手段。而现代化学从揭示原子内部结构和微观粒子运动规律及分子结构的本质开始,化学家对物质的认识和研究从宏观向微观不断深入。现代化学的特点决定了其的发展方向。

19 世纪 30 年代,按照化学研究对象、方法及目的的不同,现代化学被划分为无机化学(inorganic chemistry)、分析化学(analytical chemistry)、有机化学(organic chemistry)、物理化学(physical chemistry)和高分子化学(polymers chemistry)五个二级学科,形成化学的主要分支。

(1)无机化学:无机化学是研究无机物质(一般指除了碳以外的化学元素及化合物)的组成、结构、性质变化、制备及相关理论和应用的科学。现代无机化学主要涉及元素化学、配位化学、同位素化学、无机固体化学、无机分离化学、无机合成化学、生物无机化学、金属无机化学等。

(2)分析化学:分析化学是研究并应用确定物质的化学组成、测量各组成的含量、表征物质的化学结构、形态、能态并在时空范畴跟踪其变化的各种分析方法及其相关理论的一门科学。分析化学是形成最早的一个化学分支,是一门发展并运用各种方法、仪器及策略以在时空的维度里获得有关物质组成及性质的信息的一门科学。按照分析方法分析化学可分为化学分析和仪器分析;按照分析要求可分为成分分析、定量分析和结构分析;按照分析对象可分为无机分析和有机分析;按照分析试样量多少可分为常量分析、半微量分析、微量分析和痕量分析。

(3)有机化学:有机化学是关于碳化合物,或碳氢化合物及其衍生物的化学,是关于有机物的结构性质、合成及其有关理论的科学。有机化学的重要分支有:元素有机化学、天然有机化学、有机固体化学、有机合成化学、有机光化学、物理有机化学、生物有机化学、立体化学、理论有机化学、有机分析化学。

(4)物理化学:物理化学由化学热力学、化学动力学和结构化学(物质结构)三部分组成。化学热力学研究化学反应中能量的转化及化学反应的方向和限度。化学动力学研究化学反应进行的速度及化学反应中的机理。结构化学则是以量子力学为基础,研究原子、分子、晶体内部的结构及物质性质的关系。物理化学的重要分支学科有:化学热力学、化学动力学、结构化学、胶体与界面化学、催化学、量子化学、热化学、磁化学、光化学、电化学、高能化学、计算化学、晶体化学。

(5)高分子化学:高分子化学是以高分子化合物为研究对象的科学,包括高分子化合物的合成方法、反应机理、反应热力学、反应动力学,高分子化合物改性,高分子化合物材料的加工成型及高分子化合物的应用。高分子化学的重要分支有:无机高分子化学、天然高分子化学、功能高分子、高分子合成化学、高分子物理化学、高分子光化学等。

这些分支最初彼此存在很大的独立性,然而现代化学已打破传统的界限。特别是近年来量子化学的发展已渗透到各学科,使化学摆脱历史传统,可以预先预测和推理,然后用实验来验证或合成。对物质的研究也已经从静态向动态拓展,如激光技术、同位素技术、微秒技术、分子束技术在现代化学里的大规模应用,使得化学家已能了解皮秒内微粒运动的情况,也能了解反应中化学键的断裂及能量交换等情况。同时,研究分子群关系,已成为现代化学的一个特点,有效地揭示了多分子反应之间的关系。

0.2 相关化学的发展动向和趋势

现代化学的发展特点是与各学科纵横交叉解决实际问题,即化学学科的自身继续发展和相关学科融合发展相结合,化学学科内部的传统分支继续发展和作为整体发展相结合,研究科学基本问题与解决实际问题相结合,等等。例如,基于可穿戴式传感器的人工智能手表、手机、手环等小型电子产品,可以测量佩戴者的心率、血氧及运动距离。图0-1(a)为基于石墨烯的贴片(腕带上顶部的电路),可以通过葡糖氧化酶的电化学反应测量人汗液中的葡萄糖水平;图0-1(b)为基于柔性的对苯二甲酸乙二醇酯片的电路板和传感器阵列,以检测用户汗液中的盐分、乳酸盐和葡萄糖水平,用于诸如脱水、肌肉痉挛甚至糖尿病等状况的警报。该研究由加州大学伯克利分校的Ali Javey研究员领导完成。

本教材《物质结构与性质》所属的无机化学与其他学科交叉发展,产生了诸多新兴领域,如过渡元素配位化合物、原子簇状化合物、金属有机化合物、超分子化学、固体化学等。无机化学发展的动向和趋势主要体现在现代无机合成、配位化学、原子簇化学、稀土化学、生物无机化学、核化学和放射化学、固体无机化学、非金属无机化学、富勒烯化学、金属有机化合物等方面。

(a)

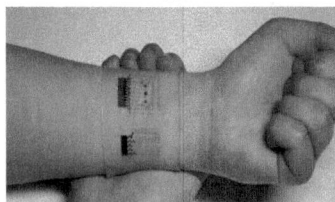
(b)

图0-1 可穿戴式传感器

1. 现代无机合成

无机合成与制备化学的任务是制造新物质。无机合成与制备化学的研究分散在各自具体的研究之中,而无机合成与制备化学学科本身系统及规律性的研究必将促进固体化学和材料化学研究的发展。无机合成与制备化学研究主要是提供新的合成反应、新的合成方法和新的合成技术,合成与制备新的化合物、新的凝聚态和聚集态及具有可控性能的新材料。高难度合成与特殊制备技术的应用使合成扩展到复杂功能体系,如复合、杂化或组装体系等。因此,在应用传统合成技术的同时,特殊物理与生物技术的应用,以及保持合成过程的节能、高效、洁净与经济性是21世纪无机合成与制备化学研究的重要方向与前沿领域。

现代无机合成包括:极端条件合成、软化学合成(温和条件下的合成化学)、特殊凝聚态和聚集态制备、形貌与尺寸修饰、缺陷与价态控制、组合化学合成、水热合成、计算机辅助合成、理想合成与生物模拟等几个方面。主要可以归纳为以下四个方面。

(1)复杂和特殊结构无机物的合成,如团簇、层状化合物及其特定的多型体、各类层间的嵌插结构及多维结构的无机物的合成。

(2)研究特殊聚集态的合成,如超微粒、纳米态、微乳与胶束、无机膜、非晶态、玻璃态、陶瓷、单晶、晶须、微孔晶体等的合成。

（3）在极端条件（超高压、超高温、超高真空、超低温、强磁场、激光、等离子体等）下得到新化合物、新物相和新物态。在现代合成中愈来愈广泛地应用极端条件下的合成方法与技术来实现通常条件下无法进行的合成，并在这些极端条件下开发多种多样的一般条件下无法得到的新化合物、新物相与物态。

（4）组合合成，最早称为同步多重合成，用于合成组合肽库。组合化学是一门由合成化学、组合数学和计算机辅助设计等多学科交叉形成的边缘学科。组合方法与传统合成方法存在显著的差异，传统的合成方法一次只得到一批产物，而组合方法同时用 n 个单元与另外一组 n' 个单元反应，得到所有组合的混合物。

例如，在固体表面用单个催化活性原子介导化学反应的催化方法已经被几个国家的研究人员证明确实可行。研究表明，固体上的孤立原子可以用作稳定的活性催化剂。催化材料的微小颗粒通常是贵金属，例如分散在金属氧化物或其他固态载体材料上的 Pt。与常规的多原子催化剂相比，单原子型降低了昂贵稀缺贵金属的消耗。此外，原子尺度的均匀性将使副反应和副产物最小，反应机理简化，这是制备更好催化剂的关键步骤。图 0-2(a) 中，当暴露于高温空气中时，Pt 作为 PtO_2（灰色和红色，扫二维码看彩图）的纳米晶体被解吸，并且可以在 CeO_2（金和红色）上被捕获。将 Pt 纳米颗粒暴露于热氧化条件下会使金属形成挥发性 PtO_2，使得 Pt 从纳米颗粒解吸附。捕捉到的 Pt 原子在附近 CeO_2 表面上移动，形成 CO 氧化的催化剂，这是发动机排放净化的关键反应。图 0-2(b) 中，Fe_2O_3（紫色和灰色）上的单 Pt 原子（图中的黄色球和三个亮点）催化 CO 转化为 CO_2。

2. 配位化学

配位化学是在无机化学基础上发展起来的一门边缘学科。它所研究的主要对象为配位化合物（coordination compounds），简称配合物。有众多与配位化学有关的学者获得了诺贝尔奖，如维尔纳（Werner）创建了配位化学，齐格勒（Ziegler）和纳塔（Natta）发现了金属烯烃催化剂，艾根（Eigen）的快速反应，利普斯科姆（Lipscomb）的硼烷理论，威尔金森（Wilkinson）和菲谢（Fischer）发展了有机金属化学，霍夫曼（Hoffmann）的等瓣理论，陶布（Taube）研究的配合物和固氮反应机理，克拉姆（Cram）、莱恩（Lehn）和佩德森（Pedersen）在超分子化学方面的贡献，马库斯（Marcus）的电子传递过程，等等。在以他们为代表的科学家的开创性成就基础上，配位化

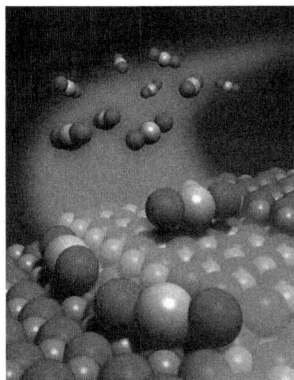

(a)

(b)

图 0-2　单原子催化剂

学在合成、结构、性质和理论的研究方面取得了一系列进展。自维尔纳创立配位化学以来，配位化学处于无机化学研究的主流，配位化合物以其花样繁多的价键形式和空间结构，在化学理论发展及其与其他学科的相互渗透中，成为众多学科的交叉点。随着高新技术的日益发展，具有特殊物理、化学和生物化学功能的所谓"功能配合物"在国际上得到蓬勃发展。

例如，Klaus-Richard Pörschke 等报道了一个包含一个中心铯原子与 16 个氟原子的新分子配位化合物（如图 0-3 所示，扫描二维码看彩图），单电荷 Cs^+ 阳离子与弱配位的 $[H_2NB_2(C_6F_5)_6]^-$ 阴离子匹配，首次得到一个超过 12 个键的复合物而未使用一个氢作为配体。这也是科学家第一次实现了 16 个原子配对一个金属，被认为达到了极限。

配合物的类型已经从简单配合物和螯合物发展到多核配合物、聚合配合物、大环配合物；配合物的研究理论，已经从研究配合物分子到研究由多个分子构成的配合物聚集体。作为边缘学科的配位化学日益和其他相关学科相互渗透和交叉。正如莱恩所指出的那样，超分子化学可以看作是广义的配位化学。另一方面，配位化学又包含在超分子化学概念之中。配位化学的原理和规律，无疑将在分子水平上对未来复杂的分子层次以上聚集态体系的研究起重要作用。配位化学发展前景之一是从 20 世纪 60 年代起与生命科学的结合，成为生物无机化学产生的基础；之二是对具有特殊功能（如光、电、磁、超导、信息存储）配合物的研究。

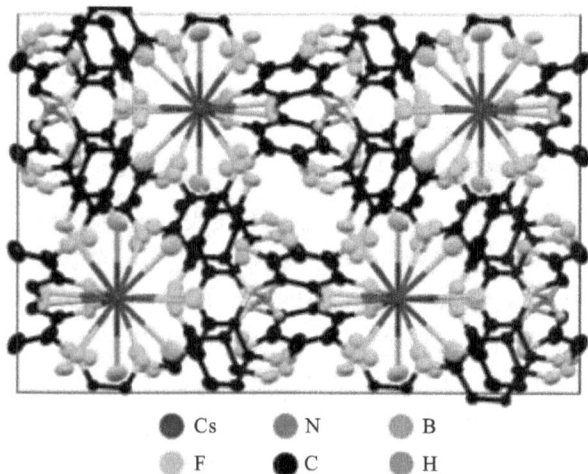

● Cs   ● N   ● B   ● F   ● C   ● H

图 0-3　含有 16 个氟原子的铯[3]

过渡金属的配位几何学，以及和配位体相互作用位置的方向性特征，向我们展示了合理地组装各类超分子的蓝图。

图 0-4 是按配位键的种类列出的超分子实例。图 0-4(a)显示的是在酸性 Na_2MoO_4 溶液中，通过 $Mo-O$ 配位键使 MoO_4^{2-} 互相缩合组装成的大环超分子，其中大环的组成为 $Mo_{176}O_{496}(OH)_{32}(H_2O)_{80}$。在大环内外充满了 H_2O，晶体的组成为 $[Mo_{176}O_{496}(OH)_{32}(H_2O)_{80}]\cdot(600\pm50)H_2O$。图 0-4(b)是由 $Mo-C$ 和 $Mo-N$ 配位键使中心 Mo 原子将 2 个 C_{60} 分子、2 个 p-甲酸丁酯吡啶及 2 个 CO 分子组装成超分子。

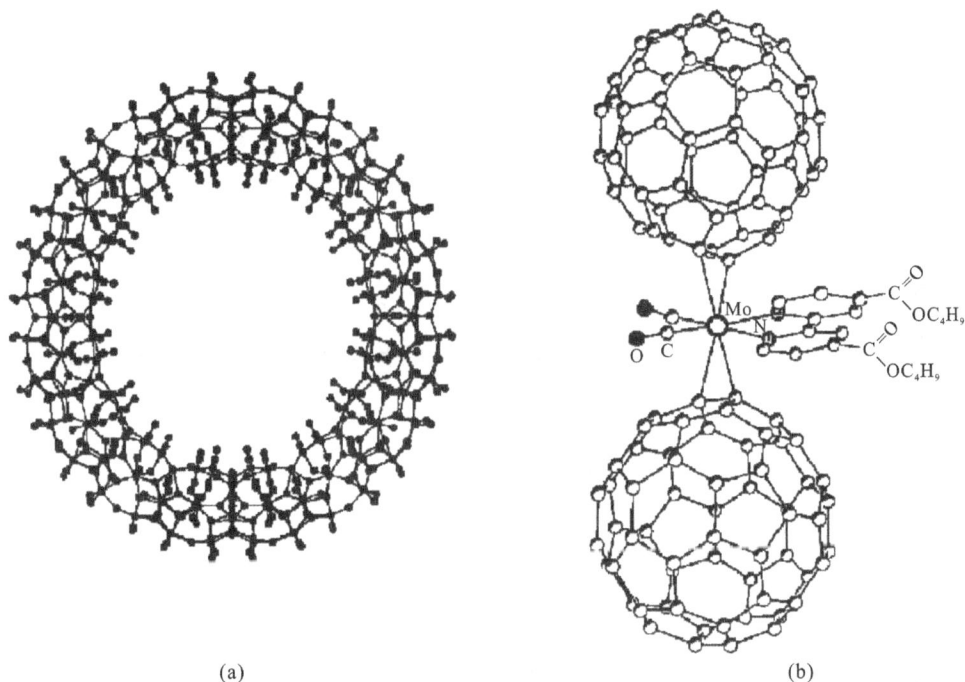

图 0-4　配位键的识别和组装

3. 原子簇化学

原子簇化合物是指"以三个或三个以上的原子直接键合形成的多面体或缺顶多面体骨架为特征的分子或离子"。团簇是由几个乃至上千个原子、分子或离子通过物理或化学结合力组成的相对稳定的微观或亚微观聚集体，其物理和化学性质随所含的原子数目而变化。团簇的空间尺度用无机分子来描述显得太大，用物块描述又显得太小，许多性质既不同于单个原子、分子，又不同于固体和液体，也不能用两者性质的简单线性外延或内插得到。因此，人们把团簇看成是介于原子、分子与宏观固体物质之间的物质结构的新层次，是各种物质原子、分子向大块物质转变的过渡状态，或者说，代表了凝聚态物质的初始状态。团簇科学属于多学科交叉的范畴，将原子与分子物理、凝聚态物理、量子化学、表面科学、材料科学等学科的概念及方法交织在一起，形成了当前团簇研究的中心议题,并正在发展成为一门介于原子与分子物理和固体物理之间的新型学科。

从理论上研究其成键能力和结构规律,探求成簇机理的成果有:利普斯科姆(Lipscomb)的硼烷三中心键模型、西奇威克(Sidgwick)的有效原子数规则、韦德(Wade)的多面体骨架成键电子对理论、科顿(Cotton)的金属-金属多重键理论、劳尔(Lauher)的金属原子簇的簇价轨道理论、张文卿的金属原子簇拓扑电子计算理论、唐敖庆的成键与非键轨道数的$(9n-L)$规则、卢嘉锡的类立方烷结构规则、徐光宪的$n \times c$结构和成键规则、张乾二的多面体分子轨道理论等。但到目前为止,无完善的原子簇化合物成键理论。团簇科学研究的基本问题集中在:团簇如何由原子、分子一步一步演化而成? 随着这种演化,团簇的结构和性质如何变化? 具体当尺寸多大时,过渡成宏观固体?

目前团簇科学研究的几个主要方向如下。

(1)研究团簇的组成及电子构型的规律,幻数和几何结构、稳定性的规律;

(2)研究团簇的成核和形成过程及机制,研究团簇的制备方法,尤其是如何获取尺寸均一且可控的团簇束流;

(3)研究金属、半导体及非金属和各种化合物团簇的光、电、磁、力学、化学等性质,它们与结构和尺寸的关系,及向大块物质转变的关键点;

(4)研究团簇材料的合成和性质;

(5)探索不仅能解释现有团簇的效应和现象,而且能解释和预知团簇的结构,模拟团簇动力学性质,指导实验的新理论;

(6)发展新的对团簇表面进行修饰和控制的方法。

例如,高核过渡-稀土金属簇合物因其均一的纳米尺寸及独特的分子结构,在磁制冷、发光、催化等领域具有广泛的应用前景,已经成为最活跃的研究热点之一。稀土元素是元素周期表中镧系元素和钪、钇总共 17 种元素的总称,于 18 世纪晚期被发现,由于当时只能用化学法制得少量不溶于水的氧化物,而把这种氧化物称为"土",因此得名 rare earth,译为"稀土"。由于稀土离子可变的高配位数及较差的立体化学选择性,多核过渡-稀土金属簇合物,尤其是核数超过一百的高核过渡-稀土金属簇的合成仍然面临着巨大挑战。利用混合配体的策略,通过混合溶剂下的新型溶剂热反应,得到了首例具有独特立方中空笼状结构的高核过渡-稀土金属簇合物(图 0-5)。该分子含有 160 个金属中心,分子尺寸达到 3.2 nm,内腔直径为 1.4 nm,窗口大小为 0.7 nm,是迄今为止最高核的过渡-稀

(a)

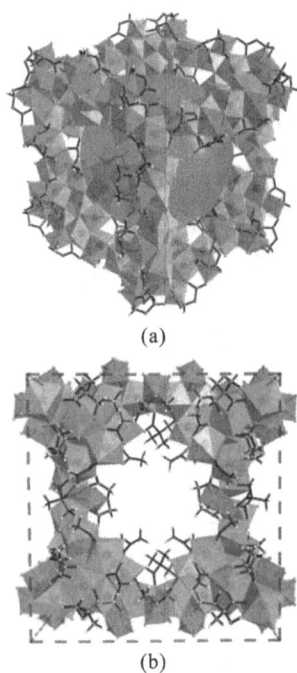

(b)

图 0-5 迄今为止最高核的
过渡-稀土金属簇合物

土金属簇合物,具有较高的热稳定性,能够在 25～250 ℃范围内保持结构不变。在 3.0 K 和 $\Delta H = 7$ T 时具有高的磁熵变 $\Delta S_M (42.8 \text{ J} \cdot \text{kg}^{-1} \cdot \text{K}^{-1})$,可以作为高性能的低温磁制冷材料。

4. 稀土化学

稀土元素由于其特殊的结构而在光、电、磁、催化等方面具有独特的功能,被人们称为新材料的宝库,是当今世界科学的重要研究方向之一。其中典型的实例有以下几个方面。

(1)稀土永磁材料。由钐、钕混合稀土金属与过渡金属(如钴、铁等)组成的合金,是目前已知的综合性能最高的一种永磁材料,它比 19 世纪使用的磁钢的磁性能高 100 多倍,比铁氧体、铝镍钴性能优越得多,比昂贵的铂钴合金的磁性能还高一倍。稀土永磁材料已成为电子通信技术中的重要材料,用于人造卫星、雷达等的行波管、环行器中,以及微型电机、微型无线电、航空仪器、电子手表、地震仪和其他一些电子仪器上。

(2)稀土超磁致伸缩材料。稀土超磁致伸缩材料主要是指稀土-铁系金属化合物形成的材料,其磁致伸缩系数比一般磁致伸缩材料高一百多倍,因此被称为超或大磁致伸缩材料。目前已广泛应用于燃料喷射系统、液体阀门控制、微位移致动器、太空望远镜的调节机构和飞机机翼调节器等机构。

(3)稀土超导材料。在超导材料中添加稀土元素可以提高临界温度 T_c(一般可达 70～90 K),从而使超导材料在价廉易得的液氮中使用,极大地推动了超导材料的研制和应用。

(4)稀土磁光材料。稀土元素由于 4f 电子层未填满,因而产生未抵消的磁矩,这是其强磁性的来源。由于 4f 电子的跃迁(这是光激发的起因),从而导致强的磁光效应。单纯的稀土金属并不显现磁光效应(这是稀土金属至今尚未制备成光学材料的原因),只有当掺入光学玻璃、化合物晶体、合金薄膜等光学材料之中,才会显现强磁光效应。

(5)稀土磁致冷材料。磁致冷所用的制冷材料基本都是以稀土金属为主要组元的合金或化合物,尤其是室温磁致冷,几乎全部采用稀土金属 Gd 或 Gd 基合金。目前,磁致冷技术研究开发已被很多国家列入 21 世纪的重点攻关项目。

(6)稀土激光材料。稀土激光材料分为固体、液体和气体三大类。但后两大类由于其性能、种类和用途等远不如固体材料,所以一般所说的稀土激光材料通常是指固体激光材料。固体稀土激光材料分为晶体、玻璃和光纤激光材料,而激光晶体又占主导地位。

(7)稀土储氢材料。人们很早就发现,稀土金属与氢气反应可生成稀土氢化物 REH_2,这种氢化物加热到 1000 ℃ 以上才会分解。而在稀土金属中加入某种金属形成合金后,在较低温度下也可吸放氢气,通常将这种合金称为储氢合金。在已开发的一系列储氢材料中,稀土系储氢材料性能最佳,应用也最为广泛。其应用领域已扩大到能源、化工、电子、宇航、军事及民用各个方面。

5. 生物无机化学

当佩鲁茨(Perutz)因其对肌红蛋白和血红蛋白的结构和作用机理研究而获得 1962 年诺贝尔化学奖时,生物无机化学开始萌芽。通常人们把国际期刊 *Journal of Inorganic Biochemistry* 的创立(1971 年)作为生物无机化学学科创建的标志。该学科是在无机化学和生物学的相互交叉、渗透中发展起来的一门边缘学科。它的基本任务是从现象学上,以及从分子、原子水平上研究金属与生物配体之间的相互作用(图 0 - 6)。而对这种相互作用的阐明有赖于无机化学和生物学两门学科水平的高度发展。由于应用理论化学方法和近代物理实验方法研究物质(包括生物分子)的结构、构象和分子能级的飞速进展,使得揭示生命过程中的生物无机化学行为成为可能,生物无机化学正是这个时候作为一门独立学科应运而生的。目前需解决的问题是:生物体对无机物的应答问题。共同的核心问题是从分子、细胞到整体三个层次回答构成药理、毒理作用的基本化学反应引起的生物事件,促使人们

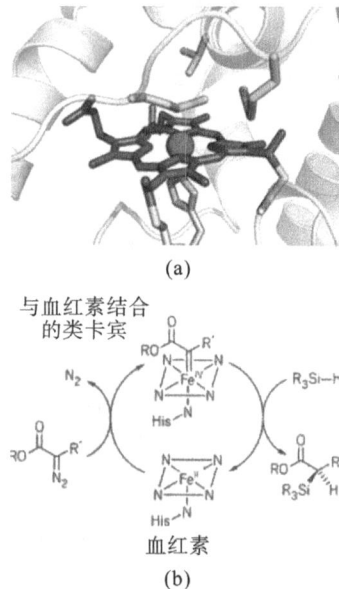

(a)

(b)

图 0 - 6　细菌细胞色素 c

把生物无机化学提高到细胞层次,去研究细胞到整体和无机物作用时细胞内外发生的化学变化。

例如,硅是地球上氧元素之后第二丰富的元素,但 Si—C 键从未在自然界中探测到;生物有机硅化合物和生物合成途径都未被发现过。但是加利福尼亚理工学院的研究人员发现,当给予正确的起始材料时,一些血红素蛋白可以形成立体特异性 Si—C 键。

6. 核化学和放射化学

核化学和放射化学一直是十分活跃和具有开创性的前沿领域。重粒子加速器的流强增大,使产生超重元素的原子数目大增,再加上分离、探测仪器的改进,超重元素的化学研究实现了突破。在单电子断层扫描仪医学方面有了新的突破;会用放射性标记和专一性极强的"抗人"单克隆抗体作为"生物导弹"定向杀死癌细胞;中枢神经系统显像推动脑化学和脑科学的发展。同时,核分析技术以其高灵敏度等优点向纵深发展。

7. 固体无机化学

固体无机化学是研究固体无机物质的结构、组成、性质及合成方法等的科学,是无机化学、固体物理、材料科学等学科的交叉领域,尤如一个以固体无机物的"结构"、"物理性能"、"化学反应性能"及"材料"为顶点的四面体,是当前无机化学学科十分活跃的新兴分支学科。近些年来,从该领域中不断发现具有特异性能及新结构的化合物,如高温超导材料、纳米相材料、C_{60} 等,一次又一次地震撼了整个国际学术界。

该领域也包括固体无机材料如光学材料、多孔晶体材料、纳米相功能材料及超微粒、无机膜与敏感材料、电及磁功能材料、C_{60} 及其衍生物、多酸化合物、金属氢化物及其他材料等的研究。室温超导化学发展,关键在于这些混合氧化物和超导机理至今尚未被科学家们认识和理解。人们不能解释混合氧化物超导体为什么离不开 Cu、Ba、Y、Bi 这些元素;不能解释它们的组成为什么和超导性有关;也不能解释电子在这类结构材料中的运动和超导性的关系。非线性光学性质的无机晶体、闪烁晶体等具有特殊功能的无机合成和生长是固体无机化学研究的一个生长点。

8. 非金属无机化学

非金属无机化学最典型的两个研究领域是稀有气体和硼烷化学。

(1)稀有气体。截至1995年,共合成了上百种含氙化合物

（氧化物、氟氧化物、含氧酸盐），1963 年合成了 KrF_2。直到 1995 年，芬兰赫尔辛基大学合成了一系列新型稀有气体化合物（HXY，X＝Xe，Kr，Ar；Y＝H，F，Cl，Br，I，CN，NC，SH），包括首例氩化合物 HArF 的合成。HArF 的合成为合成氖甚至氦的类似化合物带来了希望。据报道，德国研究小组合成了稀有气体原子用作配体的第一例 $[AuXe_4][Sb_2F_7]_2$，看来合成稀有气体的思路还可以拓宽。

（2）硼烷化学。由于硼烷具有丰富的多面体结构，吸引了中外许多理论化学家、结构化学家进行结构与价键相互关系的研究，可以预料在这方面还会有新的进展。硼烷化学最有希望的领域是硼烷和碳硼烷的金属配合物的研究。

9. 富勒烯化学

1985 年，哈罗德·克罗托（H. W. Kroto）、罗伯特·柯尔（R. F. Curl）和理查德·斯莫利（R. E. Smalley）等人首次提出了碳元素的第三种同素异形体——C_{60}，并根据实验信息推测 C_{60} 的分子结构为 32 面球体。它是由 60 个碳原子以 20 个六元环和 12 个五元环连接而成的足球状空心对称分子。这一结构被美国化学家在 1991 年使用 X 射线衍射法（XRD）最终确定。克罗托、柯尔和斯莫利三位科学家也因此发现共同获得了 1996 年的诺贝尔化学奖。在 C_{60} 分子中，每个碳原子以 sp^2 杂化轨道与相邻的三个碳原子相连，剩余的未参加杂化的一个 p 轨道在 C_{60} 球壳的外围和内腔形成球面大 π 键，从而具有芳香性。现已将包括 C_{60} 在内的所有含偶数个碳所形成的分子通称为富勒烯（fullerene）。

随着 C_{60} 及富勒烯化合物的合成，寻找可能存在的碳同素异形体成为人们关注的焦点。例如碳纳米管，是一种针状的管形碳单质，属于一维量子材料，具有特殊结构（径向尺寸为纳米量级，轴向尺寸为微米量级、管子两端基本上都封口）。它主要由呈六边形排列的碳原子构成数层到数十层的同轴圆管。层与层之间保持固定的距离，约 0.34 nm，直径一般为 2~20 nm。碳纳米管具有与富勒烯分子相似的性质（其端面有碳五元环的存在）。由于它独特的电子结构及物理化学特性，在各个领域中的应用（如高强度碳纤维材料、碳纳米管增强陶瓷、纳米电子器件等）已引起各国科学家的普遍关注。碳纳米管这一固体碳的发现及其本身所拥有的潜在优越性，决定了它无论在物理、化学还是材料科学界都将具有重大的发展前景（图 0-7）。迄今为止，借助理论与实验手段，基本上已经对组成原子数小于 100 的全碳纯富勒烯的结构、热力学稳定

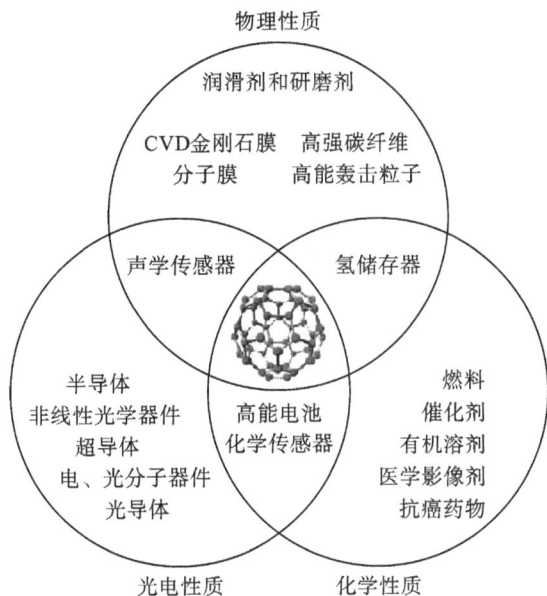

图 0-7 富勒烯化合物及其应用

性等物理化学性质进行了系统地研究。

近年来,研究重点已经从纯富勒烯转向了富勒烯包合物这一前景较为良好的领域。富勒烯包合物是指在富勒烯的碳笼内部嵌入易失电子的原子或基团,这种内嵌物提供电子之后成为正离子,而碳笼得到电子后与内嵌物以离子键结合,这样使得富勒烯碳笼分子的物理和化学性质发生了极大的改变,同时也提高了富勒烯包合物的热力学和动力学稳定性。富勒烯包合物拥有很多新颖独特的化学和物理特性,在超导体、铁磁材料、光学材料等方面具有重要的应用前景。

10. 金属有机化合物

由于金属有机化合物本身结构和功能的特殊性,以及广泛的应用前景,特别是与有机催化联系在一起,成为 20 世纪最活跃的研究领域,并将在未来成为大有可为的一个学科,预期会有更大的发展,尤其在以下两个方面。

(1)金属有机化合物的合成、结构和性能研究:至今元素周期表上还有不少的金属元素尚无合成的金属有机化合物,在 21 世纪将会有更多具有各种特殊功能的金属有机化合物被用作功能材料。

(2)金属有机化合物导向的有机反应:金属有机化合物在有机合成的均相催化反应中起着十分重要的作用(包括模拟酶的选择性催化剂)。

在具有光致发光特性的有机材料薄膜两端施加一定的电

压后,就有光从该有机材料发出,这种现象叫光致发光。器件的发光波长取决于发光材料的带隙宽度,因此很容易通过调节发光材料的带隙宽度实现红-绿-蓝全色显示。向材料分子中引入过渡金属离子,如 Ru^{II}、Os^{II}、Pt^{II} 及 Ir^{III} 等,形成金属有机化合物是制备高效磷光材料的有效途径(图 0-8)。这些重金属原子具有较大的自旋轨道耦合常数,通过自旋轨道耦合效应极大地提高了材料三线态的量子产率,即使在室温下都可以明显地观察到强烈的磷光发射(三线态发光)。以这些新一代发光材料制备的器件的效率发生了质的飞跃,因为它们同时利用单线态及三线态发光,所以在理论上内量子效率可达100%。

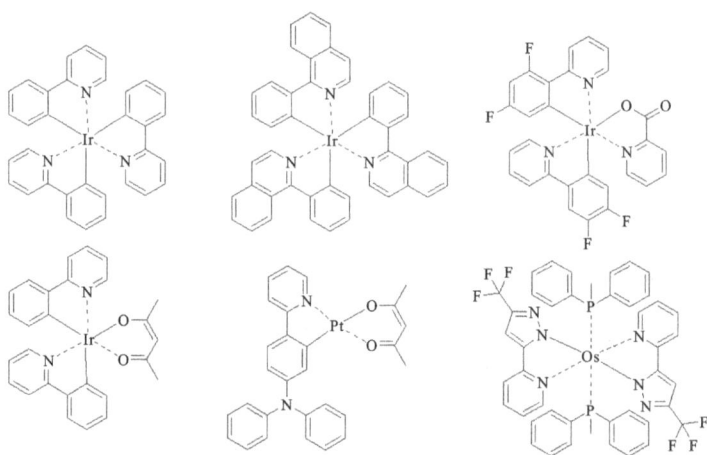

图 0-8　金属有机化合物的有机电致发光

化学视野

20 世纪化学诺贝尔奖回顾

　　诺贝尔化学奖是诺贝尔奖的奖项之一,由瑞典皇家科学院从1901年开始负责颁发。每年于12月10日,即阿尔弗雷德·诺贝尔(图 0-9)逝世纪念日颁发。从1901年到1999年总计91届,因战争等原因停发8次。诺贝尔化学奖描绘了20世纪化学及各分支学科发展的美丽图景,包括了化学的所有分支领域的突破。由于学科交叉性很强,有许多非化学家获得化学奖,同时也有许多化学家获得其他奖,年龄最大者83岁(查尔斯·佩德森,C. J. Pedersen),最小的35岁(弗雷德里克·约里奥-居里,F. Jolio-Curie),平均年龄55.4岁,奖项覆盖了从理论化学到生物化学及应用化学等基础化学科学的各分支领域。研究成果或者重大发现通常是在授奖之前10~20年做出的,其中,有机化学领域32项,物理化学领域26项,无机化学领域14项,生化

领域 11 项,分析化学领域 6 项,高分子化学领域 4 项。突出的贡献体现在以下五个方面:

1. 放射性和铀裂变

1903 年居里夫妇(法)获诺贝尔物理学奖(天然放射性的研究);

1911 年居里夫人(法)获得诺贝尔化学奖(发现钋、镭);

1908 年卢瑟福(英)获诺贝尔化学奖(元素嬗变和放射性物质的化学研究);

1935 年约里奥-居里夫妇(法)获得诺贝尔化学奖(发现人工放射元素);

1938 年费米(意)获得诺贝尔物理学奖(创造新元素);

1944 年哈恩(德)获得诺贝尔化学奖(发现核裂变)。

2. 化学键和现代量子化学理论

1954 年鲍林(美)获得诺贝尔化学奖(化学键本质研究和利用化学键理论阐明物质结构);

1966 年密立根(美)获得诺贝尔化学奖(用量子力学创立了化学结构的分子轨道理论,阐明了分子的共价键本质和电子结构);

1981 年福井谦一(日)和霍夫曼(美)共享诺贝尔化学奖(1952 年提出的前线轨道理论、分子轨道对称守恒原理,2004 年为一位日本科学家因为在高分辨质谱研究生物大分子结构方面的贡献获奖,其工作开创于 20 世纪 60 年代,几乎没有发表文章);

1988 年科恩(美)和波普尔(英)共享诺贝尔化学奖(量子化学领域)。

3. 创造新分子新结构——合成化学

1912 年格利雅(V. Grignard)获得诺贝尔化学奖(发明格氏试剂从而开创了有机金属在各种官能团反应的新领域);

1928 年温道斯(A. Windaus)合成甾体类生物分子获诺贝尔化学奖;

1937 年哈沃斯(W. N. Haworth)合成抗坏血酸获诺贝尔化学奖;

1947 年罗宾森(R. Robinson)合成生物碱类分子获诺贝尔化学奖;

1950 年狄尔斯(Otto Diels)和阿尔德(Kurt Alder)获得诺贝尔化学奖(1928 年发现 Diels-Alder 双烯合成反应);

1955 年维尼奥(Vincent du Vigneaud)合成多肽类分子获诺贝尔化学奖。

诺贝尔化学奖奖章

图 0-9　阿尔弗雷德·贝恩哈德·诺贝尔(1833—1896)与诺贝化学奖奖章

4.高分子科学和材料

1963 年齐格勒(德)和纳塔(意)分享了当年的诺贝尔化学奖(Ziegler-Natta 催化剂用于有机金属催化烯烃定向聚合,实现了乙烯的常压聚合和丙烯的定向有规聚合);

1973 年威尔金森(G. Wilkinson,英)和费歇尔(E. O. Fischer,德)因合成了用作高分子合成催化剂的茂金属化合物,对金属有机化学和配位化学做出了贡献获诺贝尔化学奖;

1979 年布朗(H. C. Brown,美)和维蒂希(G. Wittig,德)因分别发展了硼有机化合物和维蒂希反应共享诺贝尔化学奖;

1984 年梅里菲尔德(R. B Merrifield)因发明固相多肽合成法对有机合成方法学的贡献获诺贝尔化学奖;

1990 年科里(E. J. Corey)因提出了逆合成分析法,促进了有机合成化学的快速发展而获诺贝尔化学奖。

5.化学动力学与分子反应动态学

1956 年苏联化学家谢苗诺夫(N. Semenov)和英国化学家欣谢尔伍德(S. Hinchelwood)因在化学反应机理、反应速度和链式反应研究中所做的贡献获诺贝尔化学奖;

1967 年德国的艾根(Eigen)因用驰豫法研究快速反应,英国的波特(G. Porter)和诺里什(R. G. W. Norrish)用闪光分解法研究快速反应动力学分享诺贝尔化学奖;

1986 年李远哲、赫施巴赫(D. Herschbach)和波拉尼(J. G. Polany)因发展交叉分子束技术、红外线化学发光法对微观反应动力学的研究获诺贝尔化学奖;

1999 年泽韦尔(A. H. Zewail)因用飞秒激光技术研究超快化学反应过程和过渡态而获诺贝尔化学奖。

第1章 原子结构与元素周期性质

Chapter 1 Atomic Structure and Periodic Properties of Elements

为什么要学习这一章?

原子是物质的基本组成部分。它们是化学的"货币",因为几乎所有对化学现象的解释都是用原子来表示的。事实上,原子几乎是解释所有化学问题的基础。化学运动的物质承担者是原子,通过原子间的化合与分解而实现物质的转化。为了了解和掌握化学运动的规律,并运用这些规律去认知和改造客观世界,就要从研究原子的结构及其运动规律入手。

化学元素在周期表中的位置,对理解化学元素性质很有帮助。医药、交通和通信等方面的材料有着突飞猛进的发展。为了构思和开发新材料,科学家和工程师需要对元素及其化合物有透彻的了解。有关元素及其化合物的化学在很大程度上是化学的核心。元素周期表按元素特性把100多种元素依照原子序数按周期和族排列出来,使得数以百万计的化学物质及其错综复杂的化学现象的研究找到了头绪。它不仅反映了化学元素的自然分类,同时为人类认识自然界提供了重要的工具。

本章的核心思想是什么?

氢原子中一个电子的能量受限于离散值。电子在这些能级之间的分布是由轨道(波函数)来描述的,每个轨道由三个量子数描述。通过电子对轨道的占据情况可解释多电子原子的结构,并通过这种结构解释元素性质和周期结构的周期性变化规律。因此,必须理解量子化和波粒二象性概念,理解描述单子运动的波动方程与原子结构和电子云之间的关系;掌握如何用3个量子数 n、l、m 描述原子轨道,以及用4个量子数 n、l、m、m_s 描述电子运动状态;能够写出第一至第四周期元素的电子结构式;会用电子结构式确定元素所在周期、族、区及价电子构型;掌握原子结构与元素周期率的关系。

需要的知识储备有哪些?

熟悉原子核的模型和元素周期表的一般布局,以及波函数与能量的概念。

原子(atom)是由一个原子核和若干个核外电子形成的体系。原子核由带正电的质子和不带电的中子组成。核外有若干个带负电的电子,它们所带的负电荷可以大于等于或小于所带的正电荷。在讨论原子问题时,既包括中性原子,也包括正负离子。现在人们不仅可以看到原子,而且还可以移动单个原子。原子是物质发生化学反应的最小微粒,用来描述物质的微观构成。物质发生化学反应时,原子核外电子运动状态的差异导致产生新的物质。

元素是具有相同核电荷数的同一类原子的总称,可用来描述物质的宏观组成。也就是说,元素是原子种类的概念,原子体现元素的最小微粒。有些元素的原子包含的中子数不同,这些具有相同质子数而有不同质量数的原子叫作同位素,它们具有基本相同的化学性质。各种元素的原子按照原子核中包含的质子数来区分,原子所含的质子数就是该原子的原子序数(Z),每一原子序数对应一种元素。

迄今为止,已经发现了119种元素,元素周期表里列出118种元素。这些元素的原子组成了成千上万种具有不同性质的物质。要研究物质的性质、化学反应及性质与物质结构之间的关系,必须研究原子的内部结构。原子结构的研究可以回答诸如原子由哪些微粒组成、这些微粒在原子内部的排布方式及微粒之间的结合力等问题。

在讨论原子结构之前,这里先简要介绍原子结构的发展简史。18～19世纪,人们先后发现了质量守恒定律、定比定律和倍比定律。化学家们试图找出形成这些质量关系的内在原因。其中,英国的中学教师道尔顿(J. Dolton,图1-1)创立了原子学说,其基本要点包括:

(1)一切物质都是由不可见的、不可分割的原子组成,原子不能自生自灭;

(2)同种类的原子在质量、形状和性质上完全相同,不同种类的原子则不同;

(3)每一种物质都是由自己的原子组成,单质由简单原子组成,化合物由复杂原子组成。

这一理论推动了19世纪化学的迅速发展。但物理学家汤姆孙(J. J. Thomson,图1-1)于1897年发现了电子,并测定了电子的质荷比(m/e),否定了原子不可再分的概念。汤姆孙

(a) 道尔顿

(b) 汤姆孙

图1-1 物理学家道尔顿和汤姆孙

因此获得了 1906 年的诺贝尔物理学奖。后期放射性的发现，又进一步揭示了原子结构的复杂性，人们对原子的认识发生了一次次飞跃。

1911 年，美国物理学家卢瑟福(E. Rutherford，图 1-2)进行了 α 粒子散射实验。用一束平行的 α 射线撞击金箔，观察 α 粒子的行踪。结果发现 α 粒子穿过金箔后，大多数仍继续向前，没有改变方向；少数 α 粒子改变其原来的方向而发生偏转，但偏转的角度不大；仅有极少数(约万分之一)偏转的角度很大，甚至被反弹回去。这一实验结果说明了原子中带正电荷的原子核只是一个体积极小、质量大的核，核外电子受到核的作用在周围的空间运动。因此，卢瑟福创立了关于原子结构的"太阳-行星模型"，其要点是：

(1)原子是由电子和带正电荷的原子核组成。原子核很小，约占原子体积的十万分之一。电子在原子核外很大的空间里，像行星绕着太阳那样沿着一定的轨道绕核运动。

(2)电子的质量很小，原子的大部分质量集中在核上。

(3)原子核的正电荷数等于核外电子数，因此整个原子显电中性。

根据当时的物理学概念，带电微粒在力场中运动时总要产生电磁辐射并逐渐失去能量，运动着的电子轨道会越来越小，最终将与原子核相撞并导致原子毁灭。由于原子不会毁灭，而且事实上，原子的发射光谱是不连续的线状光谱，说明卢瑟福的理论与电子运动规律不符。

思考：如何描述核外电子的运动规律？

因为氢原子是所有原子中最简单的一个，那么就以氢原子的发射光谱实验为突破口重点介绍以下内容：氢原子光谱与玻尔原子轨道模型、微观粒子的波粒二象性及波动方程、氢原子结构和核外电子的运动状态、多电子原子结构与核外的电子运动状态、原子结构与元素周期律等原子结构的基础知识。

图 1-2　物理学家卢瑟福

1.1　氢原子光谱与玻尔原子轨道模型

1.1.1　氢原子光谱

白光(也称为复合光)经过分光器(如棱镜)后可分解为红、橙、黄、绿、青、蓝、紫等不同波长的光，形成光谱，这种光谱叫连续光谱。气体原子或离子受激发后产生不同波长的光辐射，经过棱镜分光得到彼此间隔的线状光谱，称为不连续光谱。

氢原子光谱是最简单的原子光谱,它的获得方法如下:在真空管中放少量 $H_2(g)$,经过高压放电,氢原子受激发,发出的光经过三棱镜后得到四条谱线的氢原子光谱,即红、青、蓝紫、紫色的不连续的线状光谱,分别用 H_α、H_β、H_γ、H_δ 表示,如图 1-3 所示。

氢原子光谱的特点表现在:①光谱为不连续的线状光谱;②各谱线的波长有一定的规律。

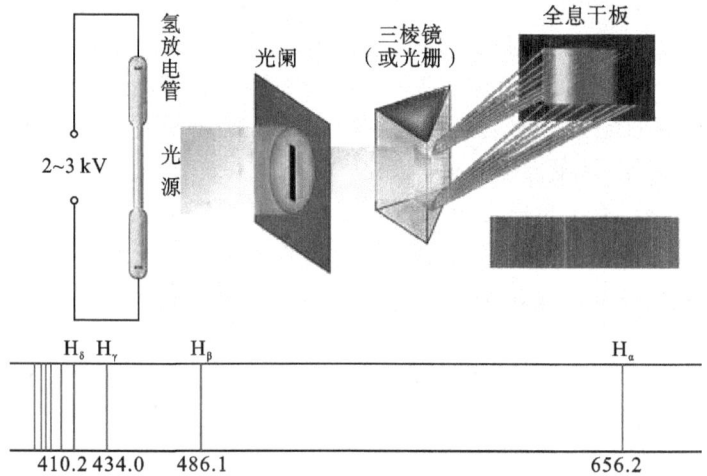

图 1-3　氢原子发射光谱

1885 年,瑞士物理教师巴尔末(J. J. Balmer)对氢原子光谱的谱线的规律进行了分析,发现谱线的波长符合以下关系式:

$$\lambda = \frac{364.6n^2}{n^2 - 4} \text{ (nm)} \tag{1-1}$$

当 $n=3$、4、5、6 时,谱线频率分别对应的是 H_α、H_β、H_γ、H_δ 四条谱线,说明了氢原子结构具有明显的规律性。但式(1-1)中 n 所代表的具体含义并不清楚。

1.1.2　玻尔原子轨道模型

1900 年,普朗克(M. Plank)提出了表达光的能量(E)与频率(ν)关系的方程,即普朗克方程:

$$E = h\nu \tag{1-2}$$

式中,h 称为普朗克常数(Planck constant),其值为 6.626×10^{-34} J·s。普朗克认为,物体只能按 $h\nu$ 的整数倍(如 $h\nu$、$2h\nu$、$3h\nu$ 等)一份一份地吸收或放出光能,即吸收或放出的能量是量子化的。

1887 年,赫兹(H. Hertz)发现了光电效应(photoelectric

effect)。光电效应是指,当光线照射在金属表面时,某些金属
(特别是 Cs、Rb、K、Na、Li 等碱金属)受光照射后发射电子(又
叫光电子)的现象。光电效应发生的原因是金属表面的电子
吸收外界的光子能量,克服金属的束缚而逸出金属表面。如
带电小锌球在紫外线照射下会失去负电荷带上正电。不同的
金属发生光电效应的最小光频率是不同的。这一发现对认识
光的本质具有极其重要的意义,对发展量子理论起到了根本
性的作用。1902 年,德国著名物理学家莱纳德(P. Lenard)也
对其进行了研究,指出光电效应是金属中的电子吸收了入射
光的能量而从表面逸出的现象,但无法根据当时的理论加以
解释。1905 年,爱因斯坦(Albert Einstein)提出了光子假设,
成功地解释了光电效应,将能量量子化的概念扩展到光本身。
爱因斯坦因为"对理论物理学所做的贡献,特别是因发现了光
电效应定律"获得了 1921 年诺贝尔物理学奖。

根据普朗克的量子论、爱因斯坦的光子学说及卢瑟福的
有核原子模型,卢瑟福的学生、丹麦物理学家玻尔(N. Bohr,图
1-4)于 1913 年提出了氢原子结构的量子力学模型。玻尔模
型的要点如下。

(1)原子中的电子只能在若干固定轨道上绕核运动。固
定轨道的角动量 L 只能等于 $h/(2\pi)$ 的整数倍:

$$L = mvr = n\frac{h}{2\pi} \tag{1-3}$$

式中,m 和 v 分别代表电子的质量和速度;r 为轨道半径;h 为
普朗克常量;n 为量子数(quantum number),取 1,2,3,… 等正
整数。根据假定条件,计算得到 $n=1$ 时允许轨道的半径为
52.9 pm,此即为著名的玻尔半径,通常用 $a_0 = 52.9$ pm 表示。

(2)在一定轨道上运动的电子具有一定的能量,称之为定
态(stationary state)。n 值为 1 的定态叫基态(ground state),
基态是能量最低即最稳定的状态。$n \geqslant 2$ 的其余定态都是激发
态(excited states),各激发态的能量随 n 值增大而增高。

(3)只有当电子从较高能态(E_2)向较低能态(E_1)跃迁时,
原子才能以光子的形式放出能量(即定态轨道上运动的电子
不放出能量)。光子能量的大小决定于跃迁所涉及的两条轨
道间的能量差:

$$\Delta E = E_2 - E_1 = h\nu \tag{1-4}$$

玻尔理论能够满意地解释实验观察到的氢原子光谱。放
电管中的基态氢原子的电子受到激发后,随吸收的能量不同
而处于各个不同的激发态,由高能态跳回低能态(包括基态和
能量较低的激发态)时,则发射出频率满足式(1-5)的光。

$$\tilde{\nu} = R_\infty \left(\frac{1}{n_1^2} - \frac{1}{n_2^2} \right) \qquad (1-5)$$

式中，$\tilde{\nu}$ 为波数，定义为波长的倒数，单位常用 cm^{-1}；R_∞ 为里德伯(J. R. Rydberg)常量，$R_\infty = 1.09677 \times 10^7 \ m^{-1}$；$n_2$ 大于 n_1，二者都是正整数，各线系 n 的允许值见表 1-1。

表 1-1 方程 1-5 中 n 的允许取值

线系	n_1	n_2
莱曼系	1	2,3,4,…
巴耳末系	2	3,4,5,…
帕邢系	3	4,5,6,…
布拉开系	4	5,6,7,…
普丰德系	5	6,7,8,…

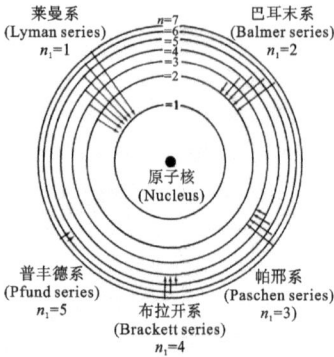

图 1-4 玻尔及他的原子结构模型

对应表 1-1 的不同谱系的示意图见图 1-4。莱曼系谱线对应于 n_2 值为 2～7 的各激发态向基态($n_1 = 1$)的跃迁，巴耳末系谱线相应于 n_2 值为 3～7 的各激发态向 n_1 值为 2 的激发态的跃迁，等等。玻尔理论计算的谱线频率与实验观察到的频率完全一致，而且可以导出巴尔末的经验关系式本身。玻尔因提出这一氢原子模型而获得 1922 年诺贝尔物理学奖。

但此模型本身也显示出它的局限性。尽管它满意地解释了单电子体系(氢原子和 He^+、Li^{2+} 等类氢离子)的光谱，但对多电子体系来说(哪怕是只有 2 个电子的 He 原子)，计算值与实验结果存在很大出入。而且，精密光谱仪得到的谱图显示，上述氢原子谱线中的某些谱线是由多条精细谱线组成的，这一事实直接否定了玻尔模型的固定轨道概念。

1.2 微观粒子的波粒二象性及波动方程

1.2.1 微观粒子的波粒二象性

20 世纪初，人们通过对光的研究，发现光具有波粒二象性："所谓光的波动性，是指光能发生衍射和干涉等波的现象。所谓光的粒子性，是指光的性质可以用动量来描述。"1924 年，年轻的法国物理学家德布罗意(de Broglie Louis，图 1-5)预言："若光具有波粒二象性，则所有微观粒子在某些情况下也能呈现波动性。"即微观粒子有时显示出波动性(此时粒子性不显著)，有时显示出粒子性(此时波动性不显著)，这种在不同条件下分别表现出波动性和粒子性的性质称为波粒二象

图 1-5 德布罗意

性。那么一定存在着联系粒子性和波动性的关系式,实际上就是式(1-2)的普朗克方程。电子、中子、质子、原子、分子和光子等微观粒子都具有波粒二象性的运动特征。

具有质量为 m,运动速度为 v 的微观粒子,相应的波长可由下式算出:

$$\lambda = \frac{h}{mv} \tag{1-6}$$

电子衍射实验证明了德布罗意科学预言的准确性。实验结果表明:电子不仅是一种有一定质量、高速运动的带电粒子,而且能呈现波动的特性。既然电子是具有波粒二象性的微观粒子,能否像经典力学中确定宏观物体运动状态的物理量"位置"和"速度"一样描述其运动状态呢?

1927 年,德国物理学家沃纳·卡尔·海森伯(Werner Karl Heisenberg,图 1-6)提出了电子运动的测不准原理(uncertainty principle),简称测不准原理。海森伯认为:"由于微观粒子具有波粒二象性,所以不可能同时精确地测出它的运动速度和空间位置。"

$$\Delta x \cdot \Delta p \geqslant \frac{h}{4\pi} \tag{1-7}$$

式中,x 为微观粒子在某一空间的坐标;Δx 为粒子位置的不准量;Δp 为粒子动量的不准量;h 为普朗克常数,$h = 6.626 \times 10^{-34}$ J·S。海森伯也因此贡献于 1932 年获得诺贝尔物理学奖。

式(1-7)表明,对于任何一个微观粒子,测定其位置的误差与测定其动量的误差之积为一个常数 $h/4\pi$(即原子中核外电子的运动不可能同时准确测出其位置和动量)。很显然,当位置的不准量 Δx 下降时,动量的不准量 Δp 增加;当位置的不准量 Δx 增加时,动量的不准量 Δp 下降。

思考:如何理解微观粒子的波粒二象性?

例 1-1　微观粒子如电子,$m = 9.11 \times 10^{-31}$ kg,半径 $r = 10^{-18}$ m,则 Δx 至少要达到 10^{-19} m 才相对准确,那么其速度的测不准量为多少? 对于 $m = 10$ g 的子弹,它的位置可精确到 $\Delta x = 0.01$ cm,则其速度测不准量为多少?

解:对电子而言

$$\Delta v \geqslant \frac{h}{4\pi m \Delta x} = \frac{6.626 \times 10^{-34}}{4 \times 3.14 \times 9.11 \times 10^{-31} \times 10^{-19}} \text{ m} \cdot \text{s}^{-1}$$
$$= 5.79 \times 10^{14} \text{ m} \cdot \text{s}^{-1}$$

对子弹而言

图 1-6　海森伯

$$\Delta v \geqslant \frac{h}{4\pi m \Delta x} = \frac{6.626 \times 10^{-34}}{4 \times 3.14 \times 10 \times 10^{-3} \times 0.01 \times 10^{-2}} \text{ m} \cdot \text{s}^{-1}$$
$$= 5.28 \times 10^{-29} \text{ m} \cdot \text{s}^{-1}$$

计算结果说明,电子速度的测不准量对应的误差如此之大,不能忽视!而子弹的测不准量对应的误差几乎小到可以忽略不计。所以对宏观物质来说,测不准原理无意义。

思考:既然对微观粒子的运动状态测不准,那么如何描述其运动状态呢?

由于存在波粒二象性,微观粒子的运动需要用量子力学的原理和方法处理。即微观粒子的运动状态和有关情况要用波函数 Ψ 表示。某电子的位置虽然测不准,但可以知道它在某空间附近出现机会的多少,即概率的大小可以确定,因而可以用统计的方法和观点,考察其运动行为。

1.2.2 微观粒子的波动方程——薛定谔方程

1926 年,奥地利物理学家埃尔温·薛定谔(Erwin Schrödinger,图 1-7)提出了描述核外电子等微观粒子运动状态的波动方程,是迄今最成功的原子结构模型,被称为薛定谔方程。该方程是一个二阶偏微分方程,求其解不但能够预言氢的发射光谱(包括玻尔模型无法解释的谱线),而且也适用于多电子原子,从而更合理地说明核外电子的排布方式。波动力学模型本身不属本课程介绍的范围,这里只介绍与化学相关的某些重要结论。

1. 薛定谔方程和波函数

微观粒子运动的波动方程(即薛定谔方程)如式(1-8)所示:

$$\frac{\partial^2 \Psi}{\partial x^2} + \frac{\partial^2 \Psi}{\partial y^2} + \frac{\partial^2 \Psi}{\partial z^2} = -\frac{8\pi^2 m}{h^2}(E - V)\Psi \qquad (1-8)$$

式中,h 为普朗克常量;m 为粒子的质量;E 为体系的总能量(动能与势能之和);V 代表势能;x、y、z 是粒子的空间坐标;Ψ 为描写特定粒子运动状态的波函数。不难看出,方程(1-8)中既包含着体现微粒性的物理量(m),也包含着体现波动性的物理量(Ψ)。所谓求解薛定谔方程,就是求得描述微粒运动状态的波函数 Ψ 及与该状态相对应的能量 E。

解二阶偏微分方程得到的解是一组多变量函数,即求解得到的 Ψ 不是具体数值,而是包括三个变量(x、y、z)的函数式 $\Psi(x, y, z)$。因为波函数是描述核外电子运动状态的数学函数式,原子轨道是描述原子中一个电子的可能空间运动

图 1-7 薛定谔

状态的,那么波函数也就是原子轨道的同义词,原子轨道就是薛定谔方程的合理解。

2.微观粒子运动的描述方法

任何微观体系的运动状态都可以用一个波函数 Ψ 来描述。Ψ 虽然不像经典的机械波那样有非常直观的物理图像,但可以从以下三点认识。

(1)Ψ 代表体系的运动状态,它既有大小,又有正负,反映了微粒的波动性。

(2)Ψ^2 反映了处于 Ψ 状态的微粒在空间某点单位体积中出现的概率。

(3)从它的数学表达式可求出体系的各种性质,如能量、角动量等,即全面地规定了体系的各种物理性质。

由量子力学处理微观体系可获得有关受一定势能束缚的微观粒子的共同特征:

(1)粒子可以存在多种运动状态,它可以由 Ψ_1,Ψ_2,Ψ_3,$\cdots$,Ψ_n 等描述。

(2)相应于每个状态能量有确定值,即粒子的能量只能为 E_1,E_2,E_3,$\cdots$,E_n 等分立的数值,而不是连续分布的数值,这个特性称为能量量子化。

(3)存在零点能。

(4)不论任何体系,处于基态时仍有一定的动能。

(5)粒子的运动不存在经典的运动轨道,而是呈现概率分布。

(6)粒子分布呈现波动性,Ψ 可为正值、负值,也可以为零。$\Psi=0$ 的点为节点,节点对应的状态能量较高。

微观粒子的这些特征统称为量子效应。随着粒子质量增大,运动范围增大,量子效应就会减弱;当粒子的质量和运动范围增大到宏观量级时,量子效应消失,体系变为宏观体系,其运动规律可用经典力学描述。

1.2.3　描述电子运动状态的量子数

1.坐标变换

如果将原子的质心放在坐标原点上,电子在空间直角坐标系的薛定谔方程为

$$\frac{\partial^2 \Psi}{\partial x^2}+\frac{\partial^2 \Psi}{\partial y^2}+\frac{\partial^2 \Psi}{\partial z^2}=-\frac{8\pi^2 m}{h^2}(E-V)\Psi$$

由于原子核具有球形对称的库仑场,用球坐标代替直角坐标(笛卡儿坐标)(图1-8)进行变换,对应的函数式为 $\Psi(r,$

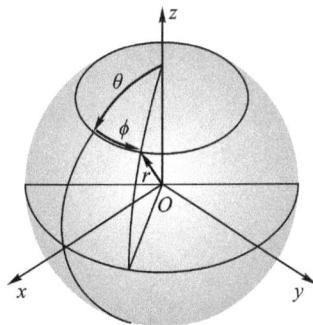

图 1-8　两种坐标之间的关系

θ,ϕ）。球坐标(r,θ,ϕ)与直角坐标的关系如下：

$$r=\sqrt{x^2+y^2+z^2}$$
$$x=r\sin\theta\cos\phi$$
$$y=r\sin\theta\sin\phi$$
$$z=r\cos\theta$$
$$\theta:0\sim2\pi$$
$$\phi:0\sim\pi$$

经过坐标变换及分离和量子数的限制之后，表示电子运动状态的波动方程变换为

$$\Psi_{n,l,m}(r,\theta,\phi)=R_{n,l}(r)\cdot Y_{l,m}(\theta,\phi) \qquad (1-9)$$

式中，$R(r)$仅与电子离核的距离r有关，称为径向部分；$Y(\theta,\phi)$与角度有关，称为角度部分；n、l、m为量子数（用以标记量子状态的特征数）。我们将采用这个分项式讨论原子结构和核外电子的运动状态。

思考：为什么要进行坐标变换？

为了得到有意义的合理解，R、Y、Ψ都需要符合波函数所必须满足的三个合格条件，并从中得到对应于各个方程的量子数和波函数。量子数n、l、m的取值由解微分方程得到，分别是主量子数（principal quantum number）、角动量量子数（angular momentum quantum number）和磁量子数（magnetic quantum number）。有时，将这三个量子数统称轨道量子数，用来描述原子轨道的状态。描述电子运动状态引入的第四个量子数叫自旋量子数（spin quantum number），它描述电子绕自身轴的旋转而与轨道无关。

2. 量子数的物理意义

1）主量子数(n)

主量子数表示原子中电子出现概率最大的区域离核的远近，是决定电子能级的主要量子数，也体现了电子层的概念，一个n值表示一个电子层。n只能取1，2，3，…等正整数，迄今已知的最大值为7。

n值越大，电子层离核距离越远，轨道能量越高。与各n值对应的电子层符号如下：

n	1	2	3	4	5	6	7
电子层符号	K	L	M	N	O	P	Q

2）角动量量子数(l)

角动量量子数也称轨道角动量量子数，是决定轨道角动量的量子数。l的取值受制于n值，只能取0至包括$(n-1)$在

内的正整数(表 1-2)。在多电子原子中,l 与 n 一起决定电子亚层(subshell 或 sublevel)的能量,一个 l 对应于一个亚层,每一个 l 值决定电子层中的一个亚层,l 值越小,亚层能量越低。因此,原子中电子的能级是由 n 和 l 两个量子数共同决定的。

电子层中亚层的数目随 n 值增大而增多。例如,$n=1$,2,3,4 的电子层分别有 1 个、2 个、3 个和 4 个亚层。像电子层可用符号表示一样,亚层也有自己的符号,$l=0,1,2,3$ 的亚层分别叫 s 亚层、p 亚层、d 亚层、f 亚层。同一层中各亚层的能级稍有差别,并按 s、p、d、f 的顺序增高。每一个 l 值代表一种电子云或原子轨道的形状。

表 1-2　角动量量子数(l)的允许取值

n	l			
1	0			
2	0	1		
3	0	1	2	
4	0	1	2	3
亚层符号	s	p	d	f

3) 磁量子数(m)

磁量子数(m)用来描述原子轨道或电子云在空间的取向。同一亚层(l 值相同)的几条轨道对原子核的取向不同,m 值也不同。m 的允许取值为 $+l$ 到 $-l$ 之间的正、负整数和 0,见表 1-3。如 $l=1$ 时 m 的允许取值为 $+1$、0 和 -1;三个取值意味着 p 亚层有三种取向,即三条原子轨道。根据同样的推论,s、d、f 亚层的轨道数分别为 1、5、7。在无外加磁场的情况下,以及 n 和 l 值相同的条件下,m 值不同的轨道具有相同的能级,这种能级相同的轨道互为等价轨道(equivalent orbital)。

表 1-3　磁量子数(m)的允许取值和亚层轨道数

l	m							轨道数
0(s)				0				1
1(p)			$+1$	0	-1			3
2(d)		$+2$	$+1$	0	-1	-2		5
3(f)	$+3$	$+2$	$+1$	0	-1	-2	-3	7

4)自旋量子数(m_s)

原子光谱实验发现,强磁场存在时,对光谱图上的每条谱线均由两条十分靠近的谱线组成,人们将其归因于原子中电子绕自身轴的旋转,即电子的自旋。自旋运动使电子具有类似于微磁体的行为。描述电子运动状态引入的第四个量子数叫自旋量子数,它描述电子绕自身轴的旋转而与轨道无关。m_s 的允许取值为

$$m_s = \pm 1/2$$

即 $m_s = +1/2$ 和 $m_s = -1/2$,表示两种方向相反的自旋电子,分别用↑和↓表示自旋方向和与之相关的磁场。在成对电子中,自旋方向相反的两个电子产生的反向磁场相互抵消,因而不显示磁性。

思考:你认为需要多少个量子数才能确定氢原子中电子的波函数?

例 1-2 当轨道量子数 $n=4$,$l=2$,$m=0$ 时,原子轨道对应名称是什么?

解: 原子轨道是由 n,l,m 三个量子数决定的。与 $l=2$ 对应的轨道是 d 轨道。因为 $n=4$,该轨道的名称应该是 4d。磁量子数 $m=0$ 在轨道名称中得不到反映,但根据我们迄今学过的知识,$m=0$ 表示该 4d 轨道是不同伸展方向的 5 条 4d 轨道之一。

所以,$\Psi_{n,l,m}$ 表示的是单电子波函数,又称原子轨道波函数,如:

$n=1$,$l=0$,$m=0$,对应的原子轨道是 $\Psi_{1,0,0}=\Psi_{1s}$,即 1s 轨道;

$n=2$,$l=0$,$m=0$,对应的原子轨道是 $\Psi_{2,0,0}=\Psi_{2s}$,2s 轨道;

$n=2$,$l=1$,$m=0$,对应的原子轨道是 $\Psi_{2,1,0}=\Psi_{2p_z}$,$2p_z$ 轨道;

$n=3$,$l=2$,$m=0$,对应的原子轨道是 $\Psi_{3,2,0}=\Psi_{3d_{z^2}}$,$3d_{z^2}$ 轨道。

因此,根据量子数 n、l、m 的取值要求,原子轨道的数目可计算如下:

$n=1$,$l=0$,(1s),$m=0$　　　　　　轨道数为 1

$n=2$,$l=0$,(2s),$m=0$
$\qquad l=1$,(2p),$m=0,\pm1$　　　轨道数为 $4=2^2$

$n=3$,$l=0$,(3s),$m=0$
$\qquad l=1$,(3p),$m=0,\pm1$
$\qquad l=2$,(3d),$m=0,\pm1,\pm2$　轨道数为 $9=3^2$

依此类推,在主量子数为 n 时,轨道数为 n^2 个。每个轨道可容纳自旋方向相反的两个电子。

1.3　氢原子结构和核外电子的运动状态

1.3.1　氢原子基态波函数与轨道能量

氢原子有不同的能级,见图 1 - 9。氢原子的基态是 $n=1$, $l=0$,$m=0$ 所描述的 $\Psi(1s)$ 状态。其波动方程为

$$\Psi_{1s}=2\sqrt{\frac{1}{a_0^3}}\cdot e^{-r/a_0}\cdot\sqrt{\frac{1}{4\pi}} \qquad (1-10)$$

解氢原子的薛定谔方程,可以得到电子在各轨道中运动的能量(即每一个 Ψ_n 对应的能量)E_n 为

$$E_n=-\frac{Z^2}{n^2}(2.179\times10^{-18})\ \text{J} \qquad (1-11)$$

式中,Z 为核电荷数;n 为轨道主量子数。

氢原子基态时,$Z=1$,$n=1$,按照公式(1-11)原子轨道能量为 -2.179×10^{-18} J(-13.595 eV)。

n 为 ∞ 时,原子轨道能量为零,这时,相当于电子处于离核无穷远处。

$$n=2\ \text{时},\ E_{2s}=-\frac{1}{2^2}E_1=-3.399\ \text{eV}$$

可见,在量子力学中是用波函数和其对应的能量来描述微观粒子的运动状态的。

$\Psi(1s)$ 轨道的径向部分 $R(r)$ 及角度部分 $Y(\theta,\phi)$ 分别为

$$R(r)=2\sqrt{\frac{1}{a_0^3}}e^{-r/a_0} \qquad Y(\theta,\phi)=\sqrt{\frac{1}{4\pi}} \qquad (1-12)$$

式中,$a_0=52.9$ pm,即玻尔半径。

图 1 - 9　氢原子的能级图

1.3.2　电子云图

在讨论大多数化学问题时,经常使用波函数的空间图像而不是波函数本身。建立起必要的轨道波函数的形象化概念,对理解原子间的相互作用(即化学键的形成)和分子的空间结构至关重要。

为了直观、形象地表示电子在核外空间概率密度的分布情况,量子力学引入了电子云的概念。既然经典物理学中光的强度与振幅的平方成正比,那么波动力学中的 Ψ^2 即是粒子波的强度。粒子波的强度又与粒子在空间某点处单位体积内出现的概率(即概率密度)相联系,因此,Ψ^2 也就是概率密度,将概率密度的分布图称为“电子云”图像。如果我们能够设计一个理想的实验方法,对氢原子中的一个电子在核外的情况

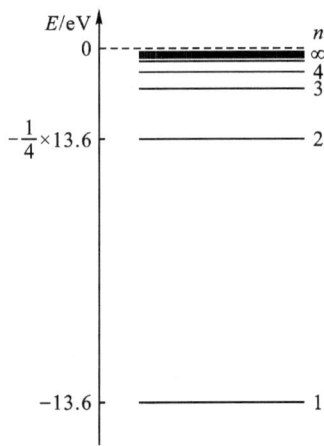

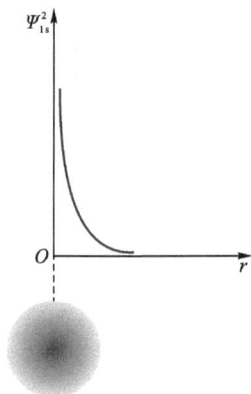

(a) 1s的电子云图

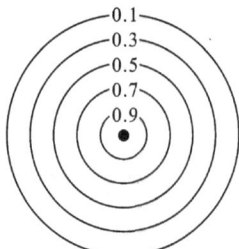

(b) 1s的电子云等密度面图

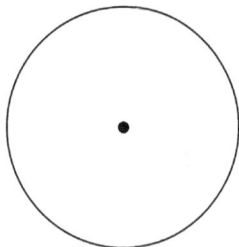

(c) 1s的电子云界面图

图 1-10　1s 的电子云图

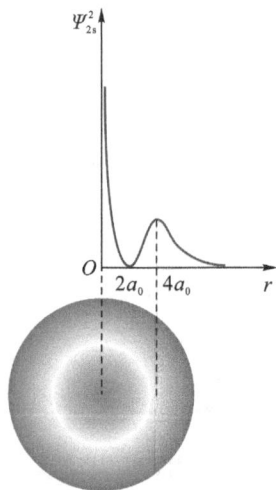

图 1-11　2s 轨道的两种表示方法

进行多次重复观察,并记录电子在核外空间每一瞬间出现的位置,统计其结果,所得到的空间图像的形状就好像在原子核外笼罩着一团电子形成的云雾,故形象地称其为电子云。所以,Ψ^2 描述的是原子核外电子出现的概率密度。电子云即电子在核外空间出现的概率密度分布的形象化描述,是 $|\Psi^2|$ 的具体图像。

用统计方法可以判断电子在核外空间某一区域内出现机会的多少,数学上称这种机会的百分数为概率。概率密度是核外空间某处单位体积内电子出现的概率。

$$概率=体积\times概率密度$$

图 1-10 给出了 1s 轨道的几种图示。图 1-10(a)表示 Ψ^2 随电子距离核远近的变化情况,电子距核越近,概率密度 Ψ^2 越大。原子核处于中心位置,周围用小点的密集程度表示在平面上的电子概率。小点越密集,表示概率密度越大。图 1-10(b)和(c)是三维空间的电子云等密度面图和界面图,界面图的大小应将电子概率的 90% 包括进去(不可能将电子概率 100% 包括进去),这是表示电子云图形最常用的一种方法。

思考:你认为 He$^+$ 的 1s 轨道与 H 的 1s 轨道有什么不同?

1.3.3　氢原子的激发态波函数与角度分布图

氢原子的激发态是 $n\geqslant2$ 的轨道。$n=2$ 时的波函数对应了四种组合,如表 1-5 所示,分别对应的 Ψ_{2s}、Ψ_{2p_x}、Ψ_{2p_y}、Ψ_{2p_z} 轨道。

图 1-11 给出了 2s 轨道的两种表示方法。原子核附近 ($r=0$)电子出现概率最高,在离核某个距离处下降到零。概率为零的点叫节点,通过节点后概率又开始增大,在离核更远的某个距离升至第二个最大值,然后又逐渐减小。图 1-11 的高密度小点出现在两个区域。一个区域离核较近,另一个区域离核较远,其间存在一个概率为零的球壳。

这里以 2p$_z$ 为例分析 2p 轨道的角度分布图。选取不同的 θ 值,求出对应的角度部分 Y 值,如表 1-6 所示。然后以 θ 对 Y 作图,得到 2p$_z$ 的角度分布图。2p$_z$ 轨道的角度分布图为哑铃形(图 1-12)。

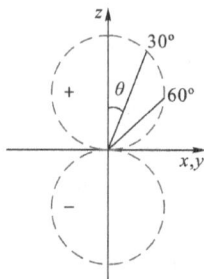

图 1-12　2p$_z$ 轨道的角度分布

表 1-5　氢原子的激发态

量子数取值	轨道名称	波 函 数
$n=2,l=0,$ $m=0$	Ψ_{2s}	$\Psi_{2s}=\sqrt{\dfrac{1}{8a_0^3}}\cdot(2-r/a_0)e^{-r/2a_0}\cdot\sqrt{\dfrac{1}{4\pi}}$
$n=2,l=1,$ $m=0$	Ψ_{2p_z}	$\Psi_{2p_z}=\sqrt{\dfrac{1}{24a_0^3}}\cdot(r/a_0)e^{-r/2a_0}\cdot\sqrt{\dfrac{3}{4\pi}}\cdot\cos\theta$
$n=2,l=1,$ $m=1$	Ψ_{2p_x}	$\Psi_{2p_x}=\sqrt{\dfrac{1}{24a_0^3}}\cdot(r/a_0)e^{-r/2a_0}\cdot\sqrt{\dfrac{3}{4\pi}}\cdot\sin\theta\cdot\cos\theta$
$n=2,l=1,$ $m=-1$	Ψ_{2p_y}	$\Psi_{2p_y}=\sqrt{\dfrac{1}{24a_0^3}}\cdot(r/a_0)e^{-r/2a_0}\cdot\sqrt{\dfrac{3}{4\pi}}\cdot\sin\theta\cdot\sin\phi$

表 1-6　不同 θ 角度的 Y 值

θ	$0°$	$30°$	$60°$	$90°$	$120°$	$180°$	……
$\cos\theta$	1	0.866	0.5	0	-0.5	-1	……
Y_{2p}	A	$0.866A$	$0.5A$	0	$-0.5A$	$-1A$	……

注：$A=\sqrt{3/4\pi}$。

　　对 p 轨道而言，电子概率为零的区域是个平面，称之为节面，节面数为 $n-1$ 个。用同样的方法可以获得 p_x 和 p_y 轨道的图形。p_x 轨道的节面是 yOz 平面，p_y 轨道和 p_z 轨道的节面分别是 xOz 平面和 xOy 平面，见图 1-13。

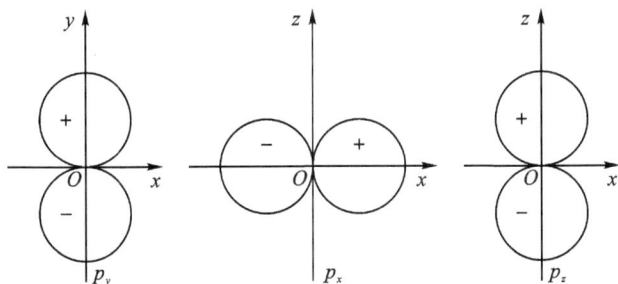

图 1-13　p 轨道的角度分布图

　　5 条 d 轨道的角度分布图像见图 1-14，它们比 s 轨道和 p 轨道的形状都复杂。其中一条（d_{z^2}）与沿 z 轴的 p 轨道相似，只是腰部沿 xOy 坐标平面多了一个救生圈状的区域。另外 4

条各有四个波瓣，$d_{x^2-y^2}$ 轨道的波瓣沿 x 和 y 轴取向，d_{xy}、d_{yz} 和 d_{xz} 轨道的波瓣则取向于 xOy、yOz、xOz 平面上相关坐标轴夹角的中线。

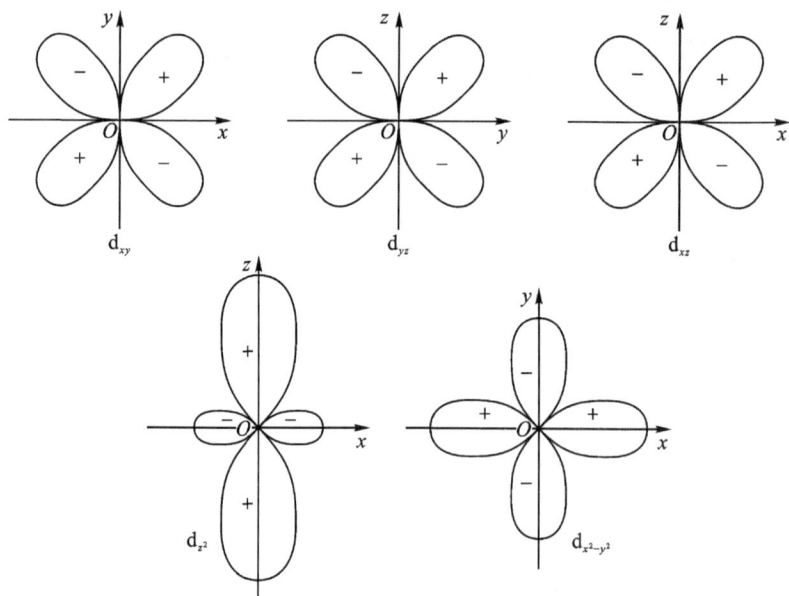

图 1-14　d 轨道的角度分布图

思考：你认为轨道角度分布图有什么特点？

1.3.4　径向分布函数 $D(r)$

如果要描述电子在空间某范围内出现的概率，可用径向分布函数来描述。因为

$$概率＝概率密度×体积＝\Psi^2 d\tau$$

式中，$d\tau$ 为空间微体积。对于 1s 球体来说，$d\tau＝4\pi r^2 dr$，所以

$$概率＝\Psi^2 \cdot 4\pi r^2 dr$$

令

$$D(r)＝4\pi r^2 \Psi^2$$

式中，$D(r)$ 为径向分布函数。Ddr 的物理意义是：在半径为 r 的 $(r+dr)$ 的两个球壳之间的夹层内找到电子的概率，反映了电子云的分布随半径 r 的变化情况。

从 $D(r)＝4\pi r^2 \Psi^2$ 可以看出，在离核近处，$r \to 0$，$4\pi r^2 \to 0$，$D(r) \to 0$；但是随着 r 增加，$4\pi r^2$ 逐渐增加，而 Ψ^2 迅速衰减，所以 $D(r)$ 衰减。

两种因素作用的结果是，$D(r)$ 在离核某处有一极大值。1s 态的 $D(r)$ 最大值出现在 $r＝52.9$ pm 处。氢原子部分激发态的径向分布函数如图 1-15 所示。

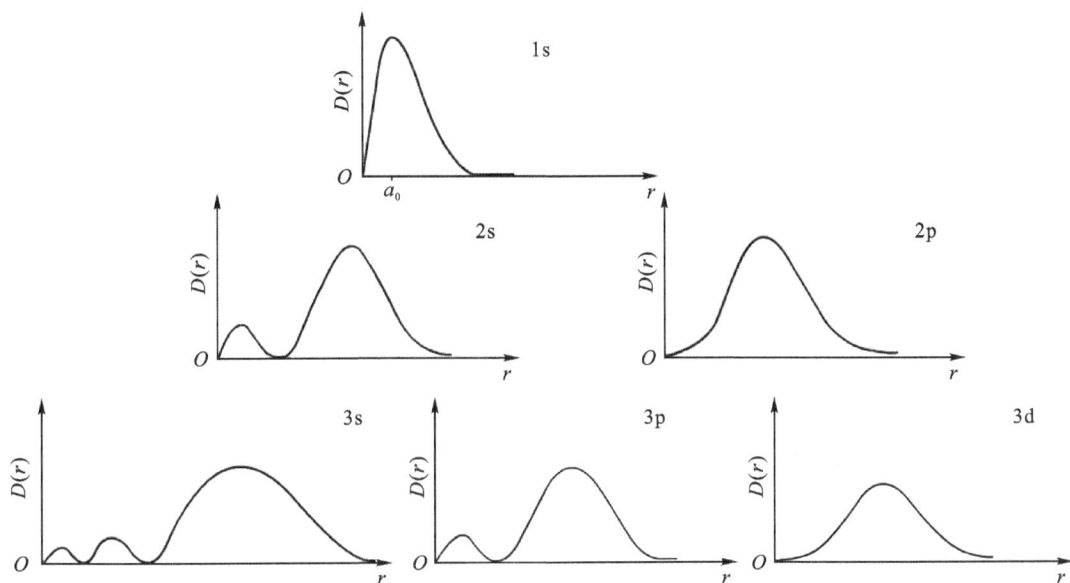

图 1-15　氢原子径向分布函数图

思考：你认为电子云图与径向分布函数有什么不同？

1.4　多电子原子结构与核外的电子运动状态

除了氢原子外，其他元素的原子核外都分布有多个电子。这些电子在原子核外如何排布？多电子的能量顺序（即能级）有什么特征？本节将介绍两种能级图，在此基础上，介绍多电子原子的核外电子排布规律。

1.4.1　鲍林近似能级图

1939 年，鲍林(L. Pauling，图 1-16)从大量光谱实验数据出发，通过理论计算得出多电子原子中轨道能量的高低顺序，即能级(energy levels)，见图 1-17。

图中箭头所指为轨道能量升高的方向。一个小圆代表一个轨道(同一水平线上的圆为等价轨道)。鲍林将能量接近的能级归为一组，并用方框归类。这样的能级组共七个，从能量最低的一组算起分别叫第一能级组、第二能级组，等等。各能级组均以 s 轨道开始并以 p 轨道结束(第一能级组例外)，七个能级组对应于周期表中的七个周期。

鲍林能级图的特点如下。

(1)n 值越大，轨道能级越高。n 值相同时，轨道的能级由 l 值决定。l 值越大，能级越高。如：

图 1-16　鲍林

$$E(4s) < E(4p) < E(4d) < E(4f)$$

n 值相同而轨道能级不同的现象叫能级分裂。如 3p 轨道归入第三能级组，而 3d 轨道归入第四能级组。

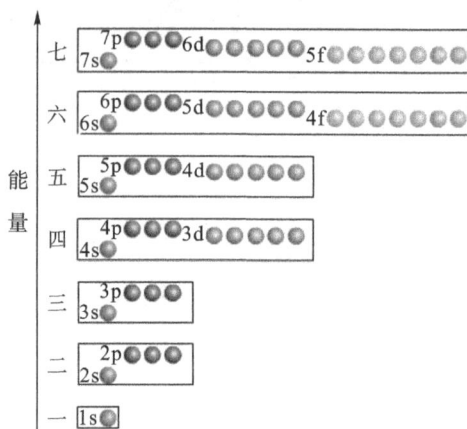

图 1-17 鲍林多电子原子能级图

（2）n 和 l 都不同时出现能级交错现象，即主量子数小的能级可能高于主量子数大的能级。能级交错现象出现于第四能级组开始的各能级组中，如：

$$E(4s) < E(3d)$$
$$E(6s) < E(4f) < E(5d)$$

鲍林能级图只适用于多电子原子。氢原子的轨道能级只决定于 n 值。n 值相同的轨道其能量都相同，或者说不发生能级分裂。

鲍林的能级图能够解释为什么 K、Ca 的外层电子是首先填充在 4s 而非 3d，也可以解释为什么会有镧系和锕系元素，以及为什么过渡元素不在第三周期而是在第四周期后出现。但是，鲍林的能级图给出的只是同一原子中轨道能级的顺序，不能反映出能级与原子序数的关系。

我国科学家徐光宪按照 $(n + 0.7l)$ 的大小对能级高低进行近似排序。计算结果与鲍林的能级图顺序极为一致。如：

第四能级组	4s < 3d < 4p
$n + 0.7l$	4.0 4.4 4.7
第六能级组	6s < 4f < 5d < 6p
$n + 0.7l$	6.0 6.1 6.4 6.7

1.4.2 科顿能级图

科顿（F. A. Cotton）能级图的表示方法如图 1-18 所示。图中横坐标为原子序数 Z，纵坐标为轨道能量。原子轨道的能量随原子序数的增大而降低。而且,随着原子序数的增大,原子轨道产生能级交错现象。

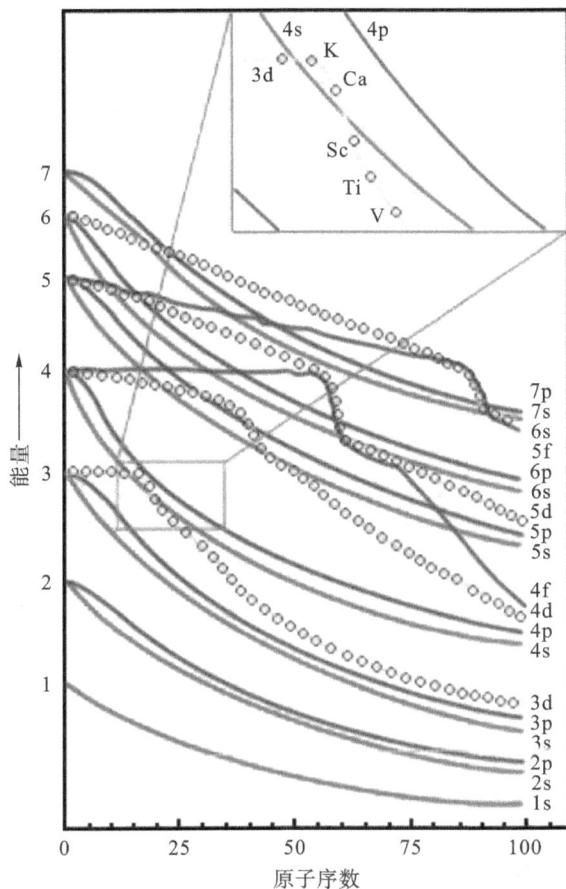

图 1-18　科顿能级图

由图 1-18(扫二维码看彩图)可见:

(1)除原子序数为 1(即氢原子)时轨道能量只与 n 值有关外,其他原子的轨道能级均发生分裂。

(2)同名轨道的能量随原子序数的增加而下降。

(3)原子序数 19(K)和 20(Ca)附近发生能级交错,图上方的方框内是这一区域的放大图。原子序数 37(Rb)和 38(Sr)、原子序数 55(Cs)和 56(Ba)等处发生了同样的现象。从放大图上可以清楚地看到,从 Sc 开始 3d 轨道的能量又低于 4s,而在鲍林的能级图上反映不出这种状况。

思考:参考图 1-19,你认为多个电子在原子核外如何排布?它们的能量顺序有什么特征?

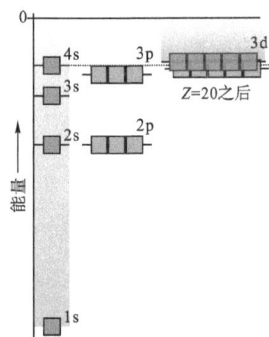

图 1-19　多电子轨道能级图示

1.4.3 屏蔽效应和钻穿效应

1.屏蔽效应

对多电子原子中任一指定电子而言,除受核中 Z 个质子正电荷的吸引力外,还受到除自身以外的其他 $(Z-1)$ 个电子的排斥力。这种排斥作用抵消或削弱了质子正电荷对指定电子的吸引力,或者说屏蔽了质子所带的部分正电荷,这种影响叫屏蔽效应(shielding effect)。

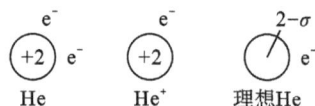

由于屏蔽效应的影响,电子实际所受到的不是 Z 个正电荷的吸引力,而是减去了被屏蔽的部分 σ 之后 $(Z-1$ 个电子对它的屏蔽)的有效核电荷(effective nuclear charge) Z^* 的吸引力。

$$Z^* = Z - \sigma \qquad (1-12)$$

式中,Z^* 为有效核电荷;σ 为屏蔽参数(shielding parameters),表示屏蔽作用的大小,是一个经验参数,可用斯莱特经验规则计算。通常认为,外层电子对内层指定电子的屏蔽可忽略不计 $(\sigma=0)$,指定电子只受处于内层和处于同层的其他电子的屏蔽。如果被指定的电子是最外层电子,处于内层和处于同层的其他电子的屏蔽作用按下述顺序增大:

σ(同处于 n 层的电子) $< \sigma$(处于 $n-1$ 层的电子) $< \sigma$(处于 $n-2$ 层的电子)

实际上,σ 越大,有效核电荷 Z^* 越小,电子能量越高:

$$E = \frac{-2.179 \times 10^{-18}(Z-\sigma)^2}{n^2} \text{ J} \qquad (1-13)$$

* 斯莱特规则

1930 年,斯莱特(Slater)提出了一套计算屏蔽常数的经验规律,要计算有效核电荷,必须知道屏蔽常数 σ 的值,有如下规则。

(1)先将原子中电子分成如下的轨道组:

(1s)(2s2p)(3s3p)(3d)(4s4p)(4d)(4f)(5s5p)(5d)…

(2)位于所考虑电子的上述顺序右侧任何轨道组中的电子,其对左侧电子的 $\sigma=0$;

(3)同一轨道组中,每个其他电子对所考虑的那个电子的 $\sigma=0.35$,第一组中 $\sigma=0.3$;

(4)若考虑的电子位于 ns 或 np 组时,则位于 $(n-1)$ 层的

每个电子的 $\sigma = 0.85$，更内层 $\sigma = 1.00$；

（5）若考虑的电子位于 nd 或 nf 组时，则位于顺序左侧任何组中的每个电子的 $\sigma = 1.00$。

根据有效核电荷算出的原子轨道能量就能很好地解释能级交错现象，现以钾为例说明。由于能级交错，钾原子的电子结构是 $1s^2 2s^2 2p^6 3s^2 3p^6 4s^1$，而不是 $1s^2 2s^2 2p^6 3s^2 3p^6 3d^1$。

因为计算结果是 $E_{4s} = -7.70 \times 10^{-19}$ J，$E_{3d} = -2.42 \times 10^{-19}$ J。如果从有效核电荷计算电子的能量，也能说明问题。尽管利用斯莱特规则计算电子的能量不十分精确，但比较简便，也能说明一些问题。

2. 钻穿效应

指定电子被其他电子屏蔽的程度，还依赖于该电子离核的距离。距核越近，意味着"钻"得越"深"，即意味着受到其他电子的屏蔽越小，化学上叫钻穿效应（penetration）。以 $n = 3$ 的轨道中的电子为例[见图 1-20(a)]，3s 电子比 3p 电子离核近，而后者又比 3d 电子离核近。

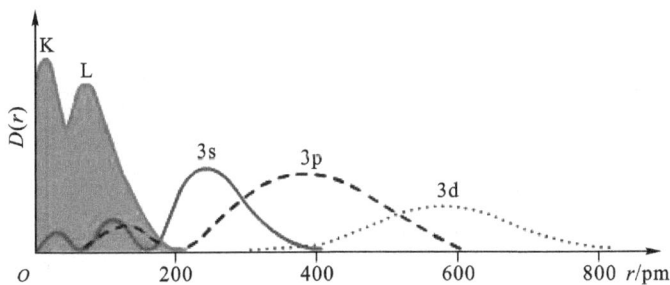

(a) 3s、3p和3d轨道电子云的径向分布图

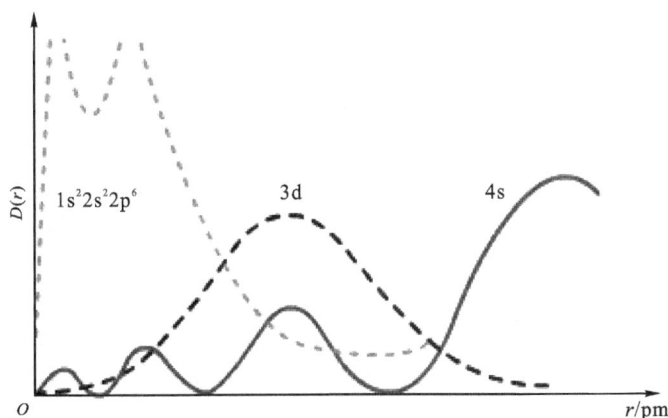

(b) 3d和4s对原子的钻穿

图 1-20

所以，3s 电子受到的屏蔽最小，而 3d 电子受到的屏蔽最大：

$$E(3s, l=0) < E(3p, l=1) < E(3d, l=2)$$

这就解释了产生能级分裂的原因。n 相同时，l 愈小的电子，钻穿效应愈明显：

$$E_{ns} < E_{np} < E_{nd} < E_{nf}$$

对于 3d 和 4s 两个轨道而言，其电子云的径向分布图如图 1-20(b)所示。因为 4s 电子"钻"得比 3d 电子"深"，所受到的 Z^* 的吸引较 3d 电子大，因而 4s 电子的能级低。

思考：你认为多电子能级分布图出现交错的主要原因是什么？

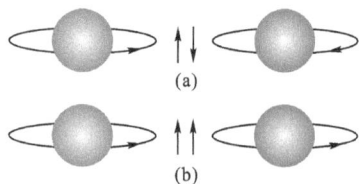

1.4.4 基态原子的核外电子排布

原子核外的电子排布服从三个基本原则。

(1)能量最低原理(the lowest-energy principle)：电子总是优先占据能量最低的轨道，占满能量较低的轨道后才进入能量较高的轨道。根据鲍林能级图，电子填入轨道时遵循下列次序：

1s 2s 2p 3s 3p 4s 3d 4p 5s 4d 5p 6s 4f 5d 6p 7s 5f 6d 7p

(2)泡利不相容原理(Pauli exclusion principle)：泡利不相容原理有几种描述方法，分别是，同一原子中不可能存在运动状态完全相同的电子；在同一原子中不可能存在四个量子数完全相同的电子；每一条轨道上最多容纳自旋方向相反的两个电子(见图 1-21)。如一原子中电子 A 和电子 B 的三个量子数 n，l，m 已相同，m_s 就必然不同，分别为 $+1/2$ 和 $-1/2$。因此，各层电子数最大容量是主量子数平方的两倍(最大容量 $= 2n^2$)。

(3)洪德定则(Hund's rule)：电子分布到等价轨道时，总是尽可能以自旋状态相同的方式分占轨道。如 C：$1s^2 2s^2 2p^2$，2p 轨道中的 2 个电子按下面列出的方式(a)而不是按方式(b)排布。

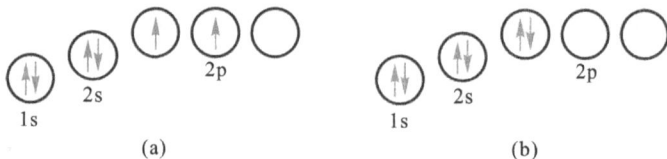

几种元素的核外电子排布见图 1-22。

注意：如果一个单电子占有一个轨道，例如，占有 s 轨道，要写成 $1s^1$ 而不能简单写成 1s。

但是，洪德定则也有例外，当亚层轨道处于半满和全满状态时相对稳定。例如 Cr($Z=24$)原子的外层电子构型为

图 1-21　电子自旋方向相反

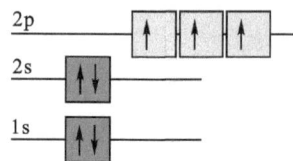

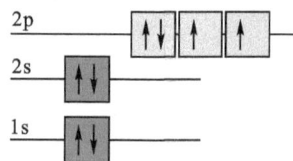

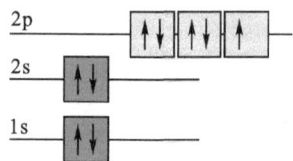

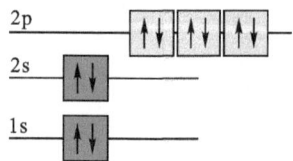

7　N　$1s^2 2s^2 2p^3$，$[He]2s^2 2p^3$

8　O　$1s^2 2s^2 2p^4$，$[He]2s^2 2p^4$

9　F　$1s^2 2s^2 2p^5$，$[He]2s^2 2p^5$

10　Ne　$1s^2 2s^2 2p^6$，$[He]2s^2 2p^6$

图 1-22　几种元素的
核外电子排布

$3d^5 4s^1$ 而不是 $3d^4 4s^2$，因前一种构型 $3d^5$ 轨道处于半充满状态而相对稳定一些。属于这种情况的例子还有 Mo（$4d$ 半满）、Cu（$3d$ 全满）、Ag（$4d$ 全满）、Au（$5d$ 全满）等原子。显然，s、p、d 和 f 亚层中未成对电子的最大数目分别为 1、3、5 和 7，即等于相应的轨道数，见图 1-23。

按照多电子原子的电子填充三条原则，可写出基态原子的电子构型（electronic configuration）。电子构型是指将原子中全部电子填入轨道而得出的序列。下面给出几个实例分析。

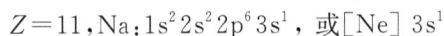

$Z=11$，Na：$1s^2 2s^2 2p^6 3s^1$，或 $[Ne] 3s^1$

$Z=20$，Ca：$1s^2 2s^2 2p^6 3s^2 3p^6 4s^2$，或 $[Ar] 4s^2$

$Z=50$，Sn：$[Kr] 5s^2 5s^2$

$Z=56$，Ba：$[Xe] 6s^2$

在电子构型表述中，$[He]$、$[Ne]$、$[Ar]$等分别代表类氦芯层、类氖芯层、类氩芯层等。表示内部结构达到了稀有气体原子闭合壳层的构型，芯层外部的电子为价层电子。引入这种表示方法是为了避免电子构型式过长，以使电子构型式更简洁。

图 1-23　多电子层、亚层及轨道量子数

1.4.5　化学元素的命名

到 2020 年 12 月 21 日为止，已经发现的元素和人工合成的 20 多种元素加在一起，共有 118 种，但并非全部存在于自然界：在从氢到铀的 92 种元素中，除锝和钷外，其他元素都是在地球上发现的，而锝也在一些恒星中被探测到。在这些元素的基础上，又在实验室里通过人工核合成添加了 20 多种元素。

原子序数大于 83 的元素（铋之后的元素），没有稳定的同位素，会进行放射性衰变。另外，第 43 种元素（锝）和第 61 种元素（钷）没有稳定的同位素，也会进行衰变。可是，即使是原子序数大于 92 的元素（铀之后的元素），有稳定原子核的元素仍然存在于自然界中，如铀、钍、钚等天然放射性核素。所有化学物质都包含元素，随着人工核反应的发展，会发现更多的新元素。

自然界只有 90 种元素，它们有不同的丰度。它们的个别同位素以特定相对丰度出现。这些同位素丰度通常在一定程度上在自然界中发生变化，从而造成原子量的变化，并可能危及通过化学分析确定化学组成和结构的经典方法。

思考：为什么元素有不同的丰度？为什么它们的个别同位素以特定相对丰度出现？

相关理论有很多，有些是通过实验建立的，有是建议进一步实验的有用模型，有些是目前可以接受的解释已知事实的

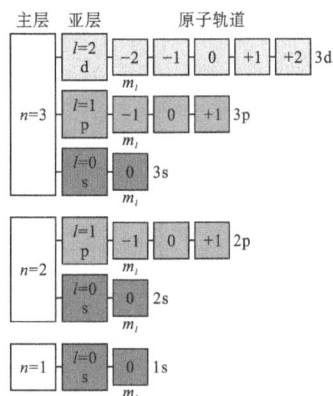

理论。这并不奇怪,因为正是在过去几十年里,核物理、天体物理、相对论和量子论的发现才使这一庞大事业的进展成为可能。

对于新化学元素的命名,过去的习惯是首先发现某种元素的科学家有权对该元素进行命名,国际纯粹与应用化学联合会(International Union of Pure and Applied Chemistry, IUPAC)予以承认,并列入该会公布的包括元素名称和符号的原子量表内,予以备用。特别是初期阶段,在铀之前几乎已约定成俗。在目前已命名的118种元素中,元素名称的由来多种多样。除了10种(金、银、铜、铁、锡、铅、锑、碳、硫、汞)直接采用了古人对它们的称谓外,大多数元素的命名都有一定背景。有的来源于星体、国名、地名、人物、矿石、神话传说,有的因元素单质或其他化合物的性质而得名,有的因其制备方法特殊而得名,有的因与其他元素的关系得名,还有用形容词来命名的。因此元素名称和符号五花八门。

IUPAC元素系统临时命名法:为未发现的化学元素和已发现但尚未正式命名的元素,取一个临时西文名称,并规定一个代用元素符号。1979年,IUPAC规定自104号元素以后不再以人名、国名命名。此规则解决了对新发现元素抢先命名的恶性竞争问题,使新元素的命名有了依据。然而,IUPAC规定并无法律效力。1944年12月,IUPAC无机化学命名委员会正式发布了101—109号元素的命名,解决了一些发现者在新发现元素命名上的争议。但也突破了该委员会原定的"不应该以在世的人的名字为元素命名"的规定。至于101号元素符号,用Md而不是Mv的另一个原因,是许多国家的字母表中没有V。

IUPAC元素系统临时命名法是一种序数命名法。这种命名法采用连续词根的方法为新元素命名。每个词根代表一个数字,这些词根来源于拉丁文和希腊文中数字的写法。假如新发现的是元素周期表中的第217号元素,那么这个元素的名称按规则应该是2-1-7(bi-un-sept)再加上词尾-ium(代表元素的意思),所以第217号元素的名称是biunseptium,它的元素符号就是"2-1-7"三个数词根的首字母组成的缩写,即Bus。

当新元素获得了正式名称以后,它的临时名称和符号就不再继续使用。例如第109号元素在正式被命名以前,它的临时名称为unnilennium,元素符号为Une。而被正式命名后,它的名称为meitnerium,元素符号为Mt。

思考:如果出现了新元素应该如何命名?

1.5　原子结构与元素周期律

1.5.1　元素周期表

化学元素指自然界中一百多种基本的金属和非金属物质。它们只由一种原子组成,其组成中的每一原子具有同样数量的质子,用一般的化学方法不能使之分解,并且能构成一切物质。1923 年,国际原子量委员会给出元素的定义:化学元素是根据原子核电荷的多少对原子进行分类的一种方法,把核电荷数相同的一类原子称为一种元素。

元素周期表的建立和元素周期律的发现,标志着化学真正成为了一门科学,在化学史上具有里程碑的意义,它不但完善丰富了化学知识理论,指导人们有规律地认识物质世界,还为自然辩证法的创立提供了有力的科学证据。化学元素周期律及周期表的研究和应用一直是学者们关注的问题。长期以来,元素的起源、反物质的存在,以及人们对基本粒子的研究、先进手段的应用,都在影响着我们对原子结构的深入认识。

人们在研究物质的性质时,发现元素呈现种种物理性质上的周期性。例如,随着元素原子序数的递增,原子体积呈现明显的周期性;在化学性质方面,元素的化合价、电负性、金属和非金属的活泼性,氧化物和氢氧化物酸碱性的变迁,金属性和非金属性的变迁也都具有明显的周期规律。在同一周期中,这些性质都发生逐渐的变化,到了下一周期,又重复上一周期同族元素的性质。于是,就把这种元素的性质随元素的原子序数(即核电荷数或核外电子数)的增加而呈现周期性变化的规律总结为元素周期律。元素周期表(periodic table of elements)是元素周期律的具体表现形式,它反映了元素之间的内在联系,是对元素的一种很好的自然分类,是我们学习化学的一种得力工具。元素性质的周期性与原子结构的周期性有密切关系。

从 1869 年俄罗斯化学家门捷列夫(D. I. Mendeleev,图 1-24)研究元素周期律并发表第一张元素周期表至今,已过去 100 多年了。期间,中外化学家已发表了 700 多种不同形式的元素周期表。1869 年 2 月,门捷列夫在前人研究的坚实基础上发表了第一份元素周期律的图表。同年 3 月 6 日,他因病委托他的朋友、圣彼得堡大学化学教授缅舒特金(H. A. Men-shutkin)在俄罗斯化学学会上宣读了题为《元素属性和原子量的关系》的论文,阐述了他关于元素周期律的基本论点:

(1)按照原子量的大小排列起来的元素,在性质上呈现出

图 1-24　化学家门捷列夫

明显的周期性。

（2）原子量的数值决定元素的特性。因此，S 和 Te 的化合物，Cl 和 I 的化合物等，既相似，又呈现明显的差别。

（3）应该预料到还有许多未被发现的元素，例如会有分别类似铝和硅，相对原子质量介于 65 至 75 之间的两个元素。（现在已知元素的某些同类元素可以循着它们原子量的大小得以发现）。

（4）当掌握了某元素同类元素的原子量之后，可借此修正该元素的原子量。

周期律建立的意义在于它不再把自然界的元素看作是彼此孤立、不相依赖的偶然堆积，而是把各种元素看作是有内在联系的统一体，它表明元素性质发展变化的过程是由量变到质变的过程，周期内是逐渐的量变，周期间既不是简单的重复，又不是截然的不同，而是由低级到高级、由简单到复杂的发展过程。因此，从哲学上讲，通过元素周期律和周期表的学习，可以加深对物质世界对立统一规律的认识。周期律的建立也使化学研究从只限于对大量独立的零散事实做无规律的罗列中摆脱出来，奠定了现代无机化学的基础。另外，与它相关的自然科学的许多分支——化学、物理学、生物学、地球化学等学科，都是重要的工具。恩格斯曾高度评价："门捷列夫不自觉地应用黑格尔的量转化为质的规律，完成了科学史上的一个勋业，这个勋业可以和勒维耶（U. Le Verrier，1811—1877）计算出尚未知道的行星海王星轨道的勋业居于同等地位。"

元素的原子结构和性质决定了元素在周期表中的位置，反之，周期表中的每个位置也反映了该元素的原子结构和性质。因此，根据某个元素在周期表里的位置，就可以确定它的原子结构，并推测出它应该具有的性质。元素周期表有着广泛的应用。利用元素周期律和周期表能够指导基础理论的研究。现代物质结构理论的建立和现代化学的各个分支的发展都与元素周期律密切相关。随着实践的发展，元素周期律的内容不断得到充实和丰富，尤其是原子结构理论的建立，进一步揭示了元素性质周期律的实质。元素周期律更为严谨的说法应该是，元素的性质随着元素原子序数的增加而呈现周期性的变化。

1.5.2 核外电子排布与元素周期表的关系

1. 各周期元素的数目

元素周期表中的行叫周期（periods），目前周期表中共有七个周期，见图 1-25（扫二维码看彩图）。各周期对应能级组中,电子的填入总是始于 s 轨道和终止于 p 轨道。各周期中化学元素的个数(2,8,8,18,18,32,32)对应于各能级组中电子的最大容量,见表1-7。

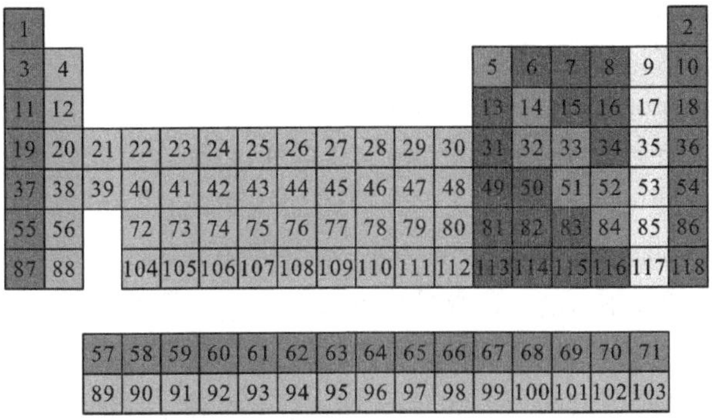

图 1-25　原子序数周期表

第一周期只包含两种元素,叫特短周期;含 8 种、18 种和 32 种元素的周期分别叫短周期、长周期和特长周期。

截至目前,属于特长周期的第七周期已全部填满。

表 1-7　各周期元素的数目与对应的轨道能级

周期	特点	能级组	对应的能级	原子轨道数	元素数
一	特短周期	1	1s	1	2
二	短周期	2	2s2p	4	8
三	短周期	3	3s3p	4	8
四	长周期	4	4s3d4p	9	18
五	长周期	5	5s4d5p	9	18
六	特长周期	6	6s4f5d6p	16	32
七	特长周期	7	7s5f6d7p	16	32

2. 周期和族的划分

周期表中的列叫族(group 或 family),同族元素具有相似的价电子构型,从而导致相似的化学性质。各原子的价电子数与元素的族号密切相关:周期表中第 1、2、13、14、15、16 和 17 列为主族元素,分别用 I A、II A、III A、IV A、V A、VI A、VII A 表示;第 18 列为稀有气体,用 VIII A 表示,通常称为零族。

第 3～7 及 11 和 12 列为副族,用 III B、IV B、V B、VI B、VII B、I B 和 II B 表示。其中,前 5 个副族的价电子数＝族序数,I B、II B 的族序数＝最外层的 s 电子数。

第 8、9、10 列元素称为 VIII 族,其价电子的排布可表示为 $(n-1)d^{6\sim8}ns^2$。

注意:主族元素的族数＝最外电子层的电子数。

3. 价电子构型与区的划分

元素有多种分类方法,一般按性质分为金属元素、非金属元素和准金属元素;按原子结构分为 s 区元素、p 区元素、d 区元素、ds 区元素和 f 区元素;按周期表分为主族元素(main group elements)、副族元素或过渡元素(transition elements)、内过渡元素(inner transition elements);按有无放射性分为放射性元素(radioactive elements)和非放射性元素(nonradioactive elements);按自然界存量分为丰产元素、稀有元素、稀土元素等。118 种元素中,金属元素有 90 多种,占元素总数的 4/5;非金属元素 22 种。它们在长式元素周期表中的位置可以通过硼—硅—砷—碲—砹和铝—锗—锑—钋之间的对角线来划分,位于这条对角线左下方的单质都是金属,右上方的都是非金属,该对角线附近的锗、砷、锑、碲等则称为准金属。所谓准金属是指性质介于金属和非金属之间的单质,准金属大多数可作半导体。

价电子构型相似的元素在周期表中分别集中在 5 个区(blocks),即 s 区、p 区、d 区、ds 区和 f 区,见图 1-26。s 区和 p 区元素合称为主族元素。d 区元素被称为过渡元素,是因为最后一个电子不填入最外层而填入次外层;f 区元素的最后一个电子填在从外数第 3 层,因而叫内过渡元素,填入 4f 亚层和 5f 亚层的内过渡元素分别叫镧系元素(lanthanide 或 lanthanoid)和锕系元素(actinide 或 actinoid)。各区的价电子构型如表 1-8 所示,表 1-9 给出了基态原子的电子构型。

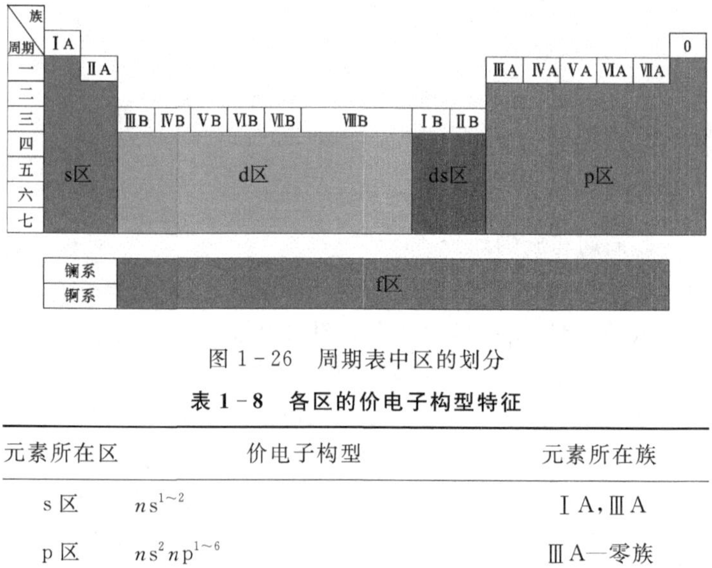

图 1-26 周期表中区的划分

表 1-8 各区的价电子构型特征

元素所在区	价电子构型	元素所在族
s 区	$ns^{1\sim2}$	ⅠA,ⅢA
p 区	$ns^2np^{1\sim6}$	ⅢA—零族
d 区	$(n-1)d^{1\sim10}ns^{1\sim2}$(Pd 无 s 电子)	ⅢB—ⅧB
ds 区	$(n-1)d^{10}ns^{1\sim2}$	ⅠB,ⅡB
f 区	$(n-2)f^{1\sim14}(n-1)d^{0\sim1}ns^2$	镧系,锕系

表 1－9　基态原子的电子构型

原子序数	元素符号	电子构型	原子序数	元素符号	电子构型
1	H	$1s^1$	40	Zr	$[Kr]4d^2 5s^2$
2	He	$1s^2$	41	Nb	$[Kr]4d^4 5s^1$
3	Li	$[He]2s^1$	42	Mo	$[Kr]4d^5 5s^1$
4	Be	$[He]2s^2$	43	Tc	$[Kr]4d^5 5s^2$
5	B	$[He]2s^2 2p^1$	44	Ru	$[Kr]4d^7 5s^1$
6	C	$[He]2s^2 2p^2$	45	Rh	$[Kr]4d^8 5s^1$
7	N	$[He]2s^2 2p^3$	46	Pd	$[Kr]4d^{10}$
8	O	$[He]2s^2 2p^4$	47	Ag	$[Kr]4d^{10} 5s^1$
9	F	$[He]2s^2 2p^5$	48	Cd	$[Kr]4d^{10} 5s^2$
10	Ne	$[He]2s^2 2p^6$	49	In	$[Kr]4d^{10} 5s^2 5p^1$
11	Na	$[Ne]3s^1$	50	Sn	$[Kr]4d^{10} 5s^2 5p^2$
12	Mg	$[Ne]3s^2$	51	Sb	$[Kr]4d^{10} 5s^2 5p^3$
13	Al	$[Ne]3s^2 3p^1$	52	Te	$[Kr]4d^{10} 5s^2 5p^4$
14	Si	$[Ne]3s^2 3p^2$	53	I	$[Kr]4d^{10} 5s^2 5p^5$
15	P	$[Ne]3s^2 3p^3$	54	Xe	$[Kr]4d^{10} 5s^2 5p^6$
16	S	$[Ne]3s^2 3p^4$	55	Cs	$[Xe]6s^1$
17	Cl	$[Ne]3s^2 3p^5$	56	Ba	$[Xe]6s^2$
18	Ar	$[Ne]3s^2 3p^6$	57	La	$[Xe]5d^1 6s^2$
19	K	$[Ar]4s^1$	58	Ce	$[Xe]4f^1 5d^1 6s^2$
20	Ca	$[Ar]4s^2$	59	Pr	$[Xe]4f^3 6s^2$
21	Sc	$[Ar]3d^1 4s^2$	60	Nd	$[Xe]4f^4 6s^2$
22	Ti	$[Ar]3d^2 4s^2$	61	Pm	$[Xe]4f^5 6s^2$
23	V	$[Ar]3d^3 4s^2$	62	Sm	$[Xe]4f^6 6s^2$
24	Cr	$[Ar]3d^5 4s^1$	63	Eu	$[Xe]4f^7 6s^2$
25	Mn	$[Ar]3d^5 4s^2$	64	Gd	$[Xe]4f^7 5d^1 6s^2$
26	Fe	$[Ar]3d^6 4s^2$	65	Tb	$[Xe]4f^9 6s^2$
27	Co	$[Ar]3d^7 4s^2$	66	Dy	$[Xe]4f^{10} 6s^2$
28	Ni	$[Ar]3d^8 4s^2$	67	Ho	$[Xe]4f^{11} 6s^2$
29	Cu	$[Ar]3d^{10} 4s^1$	68	Er	$[Xe]4f^{12} 6s^2$
30	Zn	$[Ar]3d^{10} 4s^2$	69	Tm	$[Xe]4f^{13} 6s^2$
31	Ga	$[Ar]3d^{10} 4s^2 4p^1$	70	Yb	$[Xe]4f^{14} 6s^2$
32	Ge	$[Ar]3d^{10} 4s^2 4p^2$	71	Lu	$[Xe]4f^{14} 5d^1 6s^2$
33	As	$[Ar]3d^{10} 4s^2 4p^3$	72	Hf	$[Xe]4f^{14} 5d^2 6s^2$
34	Se	$[Ar]3d^{10} 4s^2 4p^4$	73	Ta	$[Xe]4f^{14} 5d^3 6s^2$
35	Br	$[Ar]3d^{10} 4s^2 4p^5$	74	W	$[Xe]4f^{14} 5d^4 6s^2$
36	Kr	$[Ar]3d^{10} 4s^2 4p^6$	75	Re	$[Xe]4f^{14} 5d^5 6s^2$
37	Rb	$[Kr]5s^1$	76	Os	$[Xe]4f^{14} 5d^6 6s^2$
38	Sr	$[Kr]5s^2$	77	Ir	$[Xe]4f^{14} 5d^7 6s^2$
39	Y	$[Kr]4d^1 5s^2$	78	Pt	$[Xe]4f^{14} 5d^9 6s^2$

续表

原子序数	元素符号	电子构型	原子序数	元素符号	电子构型
79	Au	$[Xe]4f^{14}5d^{10}6s^2$	96	Cm	$[Rn]5f^76d^17s^2$
80	Hg	$[Xe]4f^{14}5d^{10}6s^2$	97	Bk	$[Rn]5f^97s^2$
81	Tl	$[Xe]4f^{14}5d^{10}6s^26p^1$	98	Cf	$[Rn]5f^{10}7s^2$
82	Pb	$[Xe]4f^{14}5d^{10}6s^26p^2$	99	Es	$[Rn]5f^{11}7s^2$
83	Bi	$[Xe]4f^{14}5d^{10}6s^26p^3$	100	Fm	$[Rn]5f^{12}7s^2$
84	Po	$[Xe]4f^{14}5d^{10}6s^26p^4$	101	Md	$[Rn]5f^{13}7s^2$
85	At	$[Xe]4f^{14}5d^{10}6s^26p^5$	102	No	$[Rn]5f^{14}7s^2$
86	Rn	$[Xe]4f^{14}5d^{10}6s^26p^6$	103	Lr	$[Rn]5f^{14}6d^17s^2$
87	Fr	$[Rn]7s^1$	104	Rf	$[Rn]5f^{14}6d^27s^2$
88	Ra	$[Rn]7s^2$	105	Db	$[Rn]5f^{14}6d^37s^2$
89	Ac	$[Rn]6d^17s^2$	106	Sg	$[Rn]5f^{14}6d^47s^2$
90	Th	$[Rn]6d^27s^2$	107	Bh	$[Rn]5f^{14}6d^57s^2$
91	Pa	$[Rn]5f^26d^17s^2$	108	Hs	$[Rn]5f^{14}6d^67s^2$
92	U	$[Rn]5f^36d^17s^2$	109	Mt	$[Rn]5f^{14}6d^77s^2$
93	Np	$[Rn]5f^46d^17s^2$	110	Ds	$[Rn]5f^{14}6d^87s^2$
94	Pu	$[Rn]5f^67s^2$	111	Rg	$[Rn]5f^{14}6d^97s^2$
95	Am	$[Rn]5f^77s^2$	112	Cn	$[Rn]5f^{14}6d^{10}7s^2$

原子核外电子周期重复类似排列。电子占据了一系列的电子壳体(用 K,L,M 等表示)。每个壳体由一个或多个亚层(s,p,d,f,g 等)组成。随着原子序数的增加,电子按照能量顺序规则,逐渐地将这些壳和子壳填满。

在元素周期表中,电子第 1 次占据一个新壳,对应于每一个新周期的开始。这些位置被氢和碱金属所占据。电子在原子核外周期性重复着类似的排列,是元素性质显示出规律性的根本原因。

根据元素的物理和化学性质,元素大致可以分为金属、准金属和非金属三个类别。金属一般都是闪亮的、高度导电的固体,可相互之间形成合金,与非金属形成类似于盐的离子化合物。大多数非金属是有色或无色的绝缘气体,与其他非金属形成化合物的非金属具有共价键。在金属和非金属之间的是准金属。准金属又称半金属、类金属、亚金属或似金属,性质介于金属和非金属之间。这些元素一般性脆,呈金属光泽,包括硼(B)、硅(Si)、砷(As)、碲(Te)、锑(Sb)、钋(Po)。通常被认为金属的锗(Ge)和镝(Dy)也可归入准金属。准金属元素在元素周期表中处于金属向非金属过渡的位置,如果沿元素周期表ⅢA 族的硼和铝之间到ⅥA 族的 Sb、和 Po 之间画一锯齿斜线,可以看出贴近这些斜线的元素除 Al 之外都是准金属。

准金属大都是半导体,具有导电性,其电阻率介于金属电阻率($10\ \Omega\cdot cm$ 以下)和非金属电阻率($10\ \Omega\cdot cm$ 以上)之间,导电性对温度的依从关系大多与金属相反。如果加热准金属,其电导率随温度上升而增大。准金属大多具有多种不同物理化学性质的同素异形体。

1.5.3　原子结构与元素性质的周期性

元素周期律(periodic law of elements)是指元素的物理和化学性质随着原子序数的增加而出现的周期性变化规律,有时也称为元素周期系(periodic system of elements)。元素性质的周期性变化归因于原子结构的周期性。由于元素性质取决于原子核外电子的排布,而电子是周期性地重复着类似的排列,因此,元素随之就出现了周期性的变化规律。

元素具有周期性的性质很多,如单质的晶体结构、原子半径、离子半径、原子体积、密度、沸点、气化热、熔点、熔化热、电离势、电负性、电子亲和能、氧化数、标准氧化势、膨胀系数、压缩率、硬度、延展性、离子水合热、发射光谱、磁性、导热性、电阻、离子迁移率(淌度)、折射率、同型化合物的生成热等。常将这些性质称为原子参数(atomic parameters),指用以表示原子特征的参数。需要注意的是:

(1)原子参数影响甚至决定着元素的性质,经常用这类数据解释或预言单质和化合物的性质。原子参数可以分为两类:一类是和自由原子的性质相关的,如原子的电离能、电子亲和能等,与别的原子无关,数值单一,准确度高;另一类是指化合物中表征原子性质的,如原子半径、电负性等,即与该原子所处的环境有关。

(2)由于在不同的化学环境,或由于测定或计算方法的不同,同一原子的同一参数的大小会有一定差别,文献中会有几套不同的数据。这时,一定要注意所用数据的自恰性。

(3)通常注意的是一些常用的元素性质数据对元素的原子序数作图明显呈现的单向性、周期性的规律(常常是从上到下、从左到右),它们自然对教学是非常有用的,也会让我们更加深刻地认识周期律、使用周期表。但是,周期表中的另类规律性,例如周期表中区域性的规律,元素性质与上下、左右元素的相关性、第二周期性等,却鲜有人将其整理集中进行研究报道。

下边介绍几种重要的原子参数:原子半径、电离能、电子亲和能和电负性等。

1. 原子半径

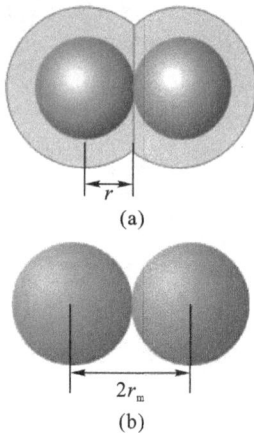

图 1-27 不同的原子半径

所有的原子半径都是在结合状态下测定的。两个 Cl 原子以共价键结合成共价 Cl_2 分子,测得的半径叫共价半径(covalent radius)。共价半径定义为以共价单键结合的两个相同原子的核间距的一半[图 1-27(a)]。金属原子结合为金属晶体,金属半径(metallic radius)则定义为金属晶体中两个相接触的金属原子的核间距的一半[图 1-27(b)]。

表 1-10 给出周期表中一些元素的原子半径。金属原子采用金属半径,非金属原子采用共价(单键)半径。表中看不到稀有气体的原子半径数据,是因为它们很难形成双原子共价化合物。

表 1-10   原子半径(单位:pm)

Li	Be											B	C	N	O	F
157	112											88	77	74	66	64
Na	Mg											Al	Si	P	S	Cl
191	160											143	118	110	104	99
K	Ca	Sc	Ti	V	Cr	Mn	Fe	Co	Ni	Cu	Zn	Ga	Ge	As	Se	Br
235	197	164	147	135	129	137	126	125	125	128	137	153	122	121	104	114
Rb	Sr	Y	Zr	Nb	Mo	Tc	Ru	Rh	Pd	Ag	Cd	In	Sn	Sb	Te	I
250	215	182	160	147	140	135	134	134	137	144	152	167	158	141	137	133
Cs	Ba	Lu	Hf	Ta	W	Re	Os	Ir	Pt	Au	Hg	Tl	Pb	Bi		
272	224	172	159	147	141	137	135	136	139	144	155	171	175	182		

图 1-28 为原子半径随原子序数的周期性变化曲线。

原子半径变化的主要趋势如下。

(1)同周期元素原子半径自左向右呈现逐渐减小的趋势。但主族元素、过渡元素和内过渡元素减小的快慢不同。主族元素减小最快,如第三周期自 Na 至 Cl 的 7 种原子,减小总幅度 92 pm,以平均 12.3 pm 的速度减小。过渡元素原子半径减小较慢,如第四周期元素自 Sc 至 Zn 的 10 种原子减小总幅度 27 pm,以平均 3.0 pm 的速度减小。内过渡元素减小最慢,从 La(183 pm)到 Lu(172 pm)减小总幅度 11 pm,以平均不到 1 pm 的速度减小。

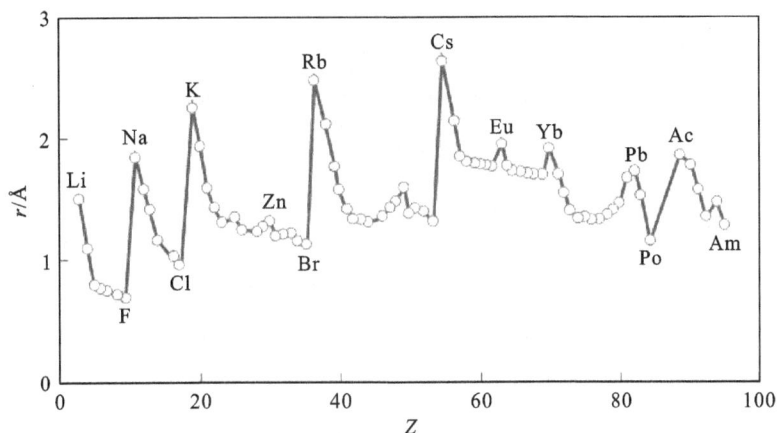

图 1-28　原子半径随原子序数的周期性变化曲线

　　出现上述现象的原因是,同周期元素价电子自左向右处在相同的电子层,r 变化受两个因素的制约:核电荷数增加,核对电子的引力增强,r 变小;核外电子数增加,屏蔽效应增强,斥力增强,r 变大;主族元素的价电子是填充在最外层。由于同层电子间的屏蔽作用小,随着质子数的增加,有效核电荷增大得快,半径的减小也就快。而增加的电子不足以完全屏蔽核电荷,所以从左向右,有效核电荷 Z^* 增加,r 变小。对于长周期来说,电子填入 $(n-1)$d 层或 $(n-2)$ 层中,屏蔽作用大,Z^* 增加不多,r 减小缓慢。镧、锕系的电子填入 $(n-2)$f 亚层,屏蔽作用更大,Z^* 增加更小,r 减小更不显著。

　　镧系元素原子半径自左至右缓慢减小的现象叫镧系收缩(lanthanide contraction)。镧系收缩强调的重点是缓慢收缩。收缩缓慢仅对相邻原子而言,但 15 个元素收缩的总效果却十分明显。这种总效果将影响后继元素的性质。

　　(2)同族元素的原子半径自上而下逐渐增大,极少数例外。这是因为同族元素自上而下逐次增加一个电子层,电子层数成为决定半径变化趋势的主要因素。周期表中第五周期与第六周期同族元素半径相近的现象叫镧系效应,是镧系收缩造成的结果。镧系效应使第五和第六周期的同族过渡元素性质极为相近,在自然界往往共生在一起,而且相互分离也不易。如下列数据显示的,由于镧系收缩的影响,致使 Zr 和 Hf,Ni 和 Ta 的原子半径非常接近。

第四周期元素	Ti	V
原子半径 $r(\text{pm}^{-1})$	147	135
第五周期元素	Zr	Ni
原子半径 $r(\text{pm}^{-1})$	160	125

第六周期元素	Hf	Ta
原子半径 $r(\mathrm{pm}^{-1})$	159	147

思考:每个周期元素的离子半径变化规律如何?

2. 电离能

电离能(ionization energy):基态的气体原子失去最外层一个电子成为 +1 价气态离子所需的最小能量叫第一电离能,用 I_1 表示。由 +1 价气态正离子失去一个电子成为 +2 价气态离子所需的最小能量叫第二电离能,用 I_2 表示。依此类推,第三、第四、…… 电离能分别用 I_3、I_4,…… 表示。它们的数值关系为 $I_1 < I_2 < I_3 < \cdots$。 例如:

$$\mathrm{Li(g)} - \mathrm{e} \longrightarrow \mathrm{Li^+(g)} \qquad I_1 = 520.2 \ \mathrm{kJ/mol}$$

$$\mathrm{Li^+(g)} - \mathrm{e} \longrightarrow \mathrm{Li^{2+}(g)} \qquad I_2 = 7298.1 \ \mathrm{kJ/mol}$$

$$\mathrm{Li^{2+}(g)} - \mathrm{e} \longrightarrow \mathrm{Li^{3+}(g)} \qquad I_3 = 11815 \ \mathrm{kJ/mol}$$

这种关系不难理解,因为从正离子中分离出电子比从电中性原子中分离出电子困难得多,而且离子电荷越高越困难。如表 1-11 给出主族元素的第一电离能,周期表中元素的第一电离能随原子序数的周期性变化由图 1-29 看得更清楚一些。

表 1-11　主族元素的第一电离能(单位:eV)

H							He
13.60							24.59
Li	Be	B	C	N	O	F	Ne
2.32	9.32	8.30	11.26	14.53	13.62	17.42	21.56
Na	Mg	Al	Si	P	S	Cl	Ar
2.14	7.64	2.98	8.15	10.48	10.36	12.97	12.76
K	Ca	Ga	Ge	As	Se	Br	Kr
4.34	6.11	6.00	7.90	9.81	9.75	11.81	14.00
Rb	Sr	In	Sn	Sb	Te	I	Xe
4.18	2.69	2.79	7.34	8.64	9.01	10.45	12.13
Cs	Ba	Tl	Pb	Bi	Po	At	Rn
3.89	2.21	6.11	7.42	7.29	8.42	9.64	10.74

电离能变化的周期性如下。

(1)同周期内电离能变化的总趋势是自左向右逐渐增大,正是这种趋势造成金属活泼性按照同一方向降低。各周期元素的电离能均以碱金属和稀有气体元素为最小和最大。

(2)同族内变化的总趋势是由上向下逐渐减小,这种趋势造成金属活泼性按照同一方向增强。所以,Fr 是所有元素中金属活泼性最强的元素。

(3)图 1-29 中的曲线显示,Be 和 Mg(s 亚层全满)、N 和

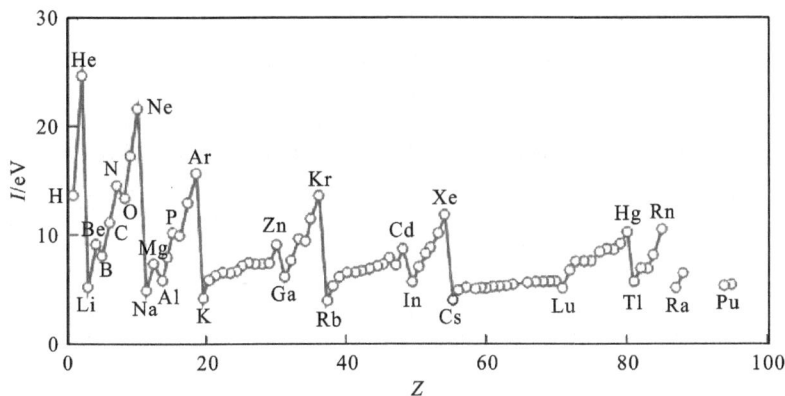

图 1-29　周期表中元素的第一电离能随原子序数的周期性变化

P(p 亚层半满)、Zn、Cd 和 Hg(s 亚层和 d 亚层全满)的电离能高于各自左右的两种元素。电离能曲线的这一特征与全满、半满亚层的相对稳定性有关。

思考:为什么一个原子的第二电离能总是高于其第一电离能?

3. 电子亲和能

电子亲和能(electron affinity)是指元素的气态原子得到一个电子形成 -1 价离子时所放出的能量,常以符号 A 表示。像电离能一样,电子亲和能也有第一、第二、……之分。当 -1 价离子获得电了时,要克服负电荷之间的排斥力,因此要吸收能量。例如:

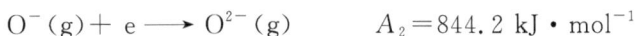

$$O(g) + e \longrightarrow O^-(g) \qquad A_1 = -141.0 \ kJ \cdot mol^{-1}$$
$$O^-(g) + e \longrightarrow O^{2-}(g) \qquad A_2 = 844.2 \ kJ \cdot mol^{-1}$$

表 1-12 给出某些主族元素的第一电子亲和能,负值表示放出能量,正值表示吸收能量。电子亲和能的大小表示原子得电子的难易程度。元素的电子亲和能越大,原子获取电子的能力越强(即非金属性越强)。在周期表中,电子亲和能的变化规律与电离能的变化规律基本上相同,同一周期从左向右显示增加趋势,同一主族从上到下显示减小趋势。

表 1-12　主族元素的第一电子亲和能(单位: $kJ \cdot mol^{-1}$)

H							He
-72.7							48.2
Li	Be	B	C	N	O	F	Ne
-59.6	48.2	-26.7	-121.9	6.75	-141.0	-328.0	115.8
Na	Mg	Al	Si	P	S	Cl	Ar
-52.9	38.6	-42.5	-133.6	-72.1	-200.4	-349.0	96.5
K	Ca	Ga	Ge	As	Se	Br	Kr
-48.4	28.9	-28.9	-115.6	-78.2	-195.0	-324.2	96.5

注意:第二周期从 B 到 F 的电子亲和能均低于第三周期同族元素。这并不意味着第二周期元素的非金属性相对比较弱。而是由于第二周期元素原子半径很小,更大程度的电子云密集导致电子间更强的排斥力。正是这种排斥力使外来的一个电子进入原子变得更困难。

4. 电负性

电离能和电子亲和能都是从单一方面反映元素得失电子的能力。而电负性(electronegativity)则反映了分子中原子对成键电子的相对吸引力。电负性的标度有多种,常见的有鲍林(Pauling)标度(χ_p),马利肯布(Mulliken)标度(χ_M),奥尔雷德－罗肖(Allred-Rochow)标度(χ_{AR}),艾伦(Allen)标度(χ_A)。

表 1-13 给出了经过后人修改的鲍林电负性。可以看出,电负性随原子序数增大有规律地变化。同一族中元素的电负性由上而下减小,同一周期中元素的电负性由左向右增大。非金属与金属元素电负性的分界值大体为 2.0。所有元素中以 F 的电负性为最大(3.98),周期表右上角非金属性强的元素接近或大于 3.0。Cs(Fr)是电负性最小的元素,周期表左下角金属性强的元素接近或小于 1.0。电负性概念主要用来讨论分子中或成键原子间电子密度的分布。

表 1-13　鲍林电负性 χ_p

H 2.20							He
Li 0.98	Be 1.57	B 2.04	C 2.55	N 3.04	O 3.44	F 3.98	Ne
Na 0.93	Mg 1.31	Al 1.61	Si 1.90	P 2.19	S 2.58	Cl 3.16	Ar
K 0.82	Ca 1.00	Ga 1.81	Ge 2.01	As 2.18	Se 2.55	Br 2.96	Kr 3.0
Rb 0.82	Sr 0.95	In 1.78	Sn 1.96	Sb 2.05	Te 2.10	I 2.66	Xe 2.6
Cs 0.79	Ba 0.89	Tl 2.04	Pb 2.33	Bi 2.02			

1.6　惰性电子对效应

所谓惰性电子对效应,就是指当原子的原子序数增大,电子层数增多时,处于 ns^2 上的两个电子的反应活性减弱,不容易成键。此概念由英国化学家西奇威克(N. V. Sidgwick)首先提出,简单讲主要指 $6s^2$ 电子对的稳定性。例如ⅣA族元素 C、Si、Ge、Sn、Pb,其中,碳和硅等前几个元素是以 +4 价氧化态的稳定性强,而到了后面,铅内层的 $6s^2$ 电子就不容易成键,而是以 +2 价氧化态的稳定性强,这就是惰性电子对效应的一个很好的表现。$6s^2$ 惰性电子对效应是由于 6s 电子相对于 5d 电子有更强的钻穿效应,受到原子核的有效吸引更大。这种效应致使核外电子向原子核紧缩,整个原子的能量下降。$6s^2$ 惰性电子对效应对第六周期元素许多性质也有明显影响,如原子半径、过渡元素的低价稳定性、汞在常温下呈液态等。

1.7　化合物中元素的周期性

元素在周期表中的位置,能够帮助我们系统地了解化合物的性质及其变化规律,并帮助我们深入理解这些性质的结构根源。下边通过化合物中元素的氧化数、周期表与化合物的性质及过渡元素化学性质的变化规律等进行讨论。

1.7.1　化合物中元素的氧化数

化合物中各个原子呈现的氧化数(又称为氧化态)和其组成相关,是了解化合物性质的关键之一。1970 年,国际纯粹与应用化学联合会定义了氧化数的概念:氧化数是指某元素的一个原子所带的核电荷数。该核电荷数是假定把每一化学键的电子指定给电负性较大的原子而求得的。在一个分子或离子中,原子的氧化数可以按照下列规则计算。

(1)在单质中,元素的氧化数为零。

(2)在分子中,所有元素氧化数的代数和等于零。

(3)在单原子离子中,元素的氧化数等于离子所带的电荷数;在多原子离子中,各元素氧化数的代数和等于离子所带的电荷数。

(4)氢在化合物中的氧化数一般为 +1。只有在 NaH、CaH_2 等活泼金属氢化物中,氢的氧化数为 -1。

(5)氧在化合物中的氧化数通常为 -2。但是在 H_2O_2、Na_2O_2 等过氧化物中,氧的氧化数为 -1。

根据以上规则,就可确定化合物或多原子离子中任一元素的化合价。例如,在 H_2SO_4 中,设 S 的氧化数为 x,有 $(+1)\times 2+x+(-2)\times 4=0$,所以

$$x=6$$

又如,在 IO_4^- 中,设 I 的氧化数为 y,有 $y+(-2)\times4=-1$,所以

$$y=+7$$

元素的氧化数与元素的化合价是两个完全不同的概念。氧化数并不是一个元素所带的真实电荷,它是对元素外层电子偏离原子状态的人为规定值,是一种形式电荷数(或表观电荷数)。氧化数可以是整数,也可以是小数。而化合价反映的是原子间形成化学键的能力,只能为整数。

1.7.2 周期表与化合物的性质

如上所述,元素周期表中元素的排列规则,充分体现了原子中价电子的排布规律。而化学反应是在原子的价电子轨道中进行,所以利用元素周期表可了解化合物的性质。

(1)利用元素周期表,可了解原子的化合价。如,H 为 1 价,O 为 2 价,N 为 3 价,C 为 4 价等。

(2)周期表右边电负性高的元素和周期表左边电负性低的元素化合,生成离子化合物,电负性高的元素形成负离子。

(3)p 区非金属元素相互结合,形成共价键型化合物。

(4)共价键型小分子可由任意两种非金属元素反应形成。共价键型大分子可由某些能形成三个或更多共价键的原子形成。

(5)金属元素和金属元素结合,大多数能得到以金属键结合的金属化合物。

(6)第一至第三周期非金属元素组成的双原子和三原子分子,共聚集态在常温下为气态;大多数 4 原子分子常温下也为气态,但分子间如果形成氢键则例外;4~7 个原子形成的分子视原子的轻重而定;8 个或更多的原子组成的分子,大多数为固态,除非存在大量的氢原子。

1.7.3 过渡金属元素化学性质的变化规律

d 区和 ds 区的过渡金属元素,涉及 d 和 s 价层的轨道和电子,由于有 d 轨道和 d 电子参与反应,它的化学内容非常丰富,在此,仅讨论有关它们的氧化态问题。

过渡金属原子在化学变化中可以丢失两个外层 s 电子和全部的未成对电子。对第四周期而言,+2 和 +3 最为普遍。图 1-30 是过渡金属原子的常见氧化态。

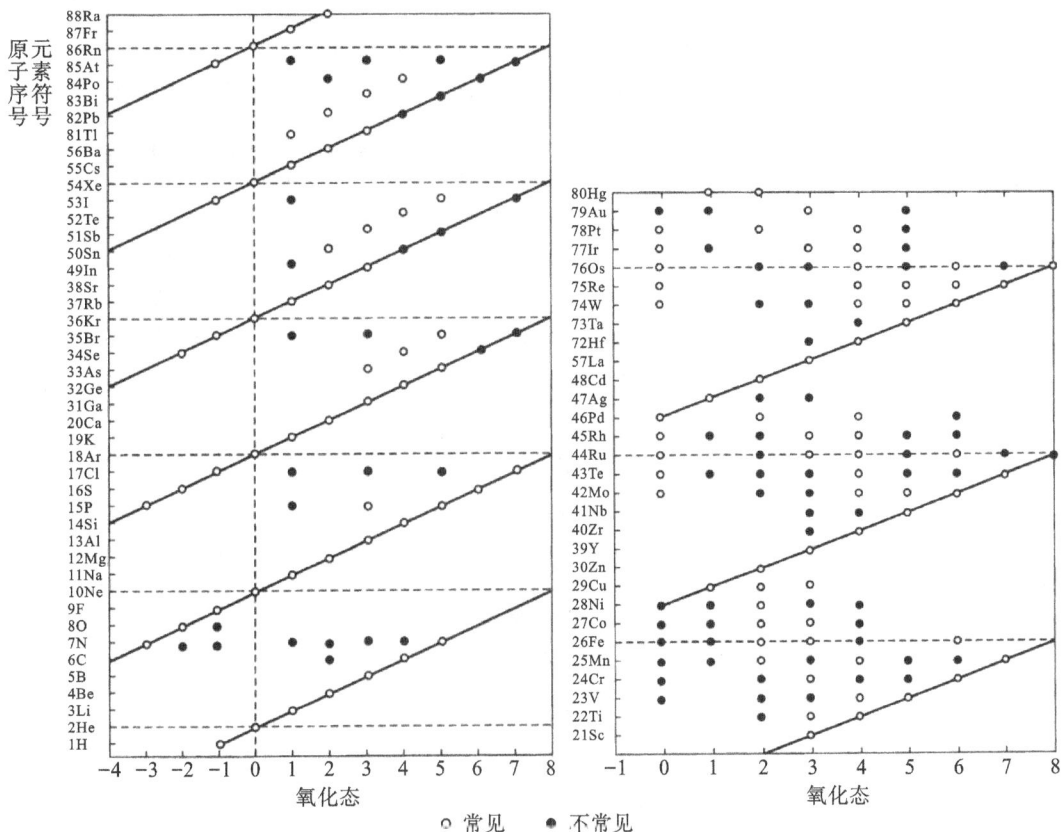

图 1-30　过渡金属元素的氧化态

对某种元素而言，最低氧化态时，金属容易形成离子键。而处于最高氧化态时，金属容易形成共价键。如 Ti 的卤化物，$TiCl_2$ 和 $TiCl_3$ 为离子型固体，$TiCl_4$ 为分子型液体。

1.8　原子光谱简介

每一种元素的原子不仅可以发射一系列特征谱线，也可以吸收与发射波长相同的特征谱线。由于原子能级是量子化的，因此，在所有的情况下，原子对辐射的吸收都是有选择性的。常见的有如下三种原子光谱。

（1）原子发射光谱。原子中的电子在一定的运动状态下，处在一定的能级上，具有一定的能量。在一般情况下，大多数原子处在最低的能级状态，即基态。基态原子受到加热或光照（即外界能量）的激发，获得足够的能量，价层低能级的电子接受光子跃迁到高能级而成为激发态，这个过程叫激发。处在激发态的原子很不稳定，在极短的时间内（10×10^{-8} s）外层电子便跃迁回基态或其他较低的能态,同时以光的形式释放出多余的能量。释放能量的方式可以是通过与其他粒子的碰撞,进行能量的传递,这是无辐射跃迁,也可以以一定波长的电磁波形式辐射出去,其释放的能量及辐射线的波长(频率)要符合玻尔的能量定律。由于各种原子中能级差的不同,发射光的波长和强度不同。这可用于鉴定样品中元素的成分和能量。

一般认为原子发射光谱是于 1860 年由德国学者基尔霍夫(Kirchhoff G. R.)和本生(Bunsen R. W.)首先发现的,他们利用分光镜研究盐和盐溶液在火焰中加热时所产生的特征光辐射,从而发现了 Rb 和 Cs 两元素。其实在更早时,1826 年塔尔博特(Talbot F.)就说明某些波长的光线表征了某些元素的特征。从此以后,原子发射光谱就为人们所关注和广泛应用。

(2)原子吸收光谱。原子吸收光谱分析是基于试样蒸气相中被测元素的基态原子对由光源发出的该原子的特征性窄频辐射产生共振吸收,其吸光度在一定范围内与蒸气相中被测元素的基态原子浓度成正比,以此测定试样中该元素含量的一种仪器分析。光源发射的某一特征波长的光通过原子蒸气时,即入射辐射的频率等于原子中的电子由基态跃迁到较高能态(一般情况下都是第一激发态)所需要的能量频率时,原子中的外层电子将选择性地吸收其同种元素所发射的特征谱线,使入射光减弱。按照减弱的程度定量分析待测元素的含量。

(3)原子 X 射线谱。当高速电子或者 X 射线照射样品时,将原子的内层电子电离,价层高能级的电子跃迁到内层空位。由于能级差大,波长短,故发射的为 X 射线。分析该 X 射线的波长和强度,就可以测出样品的元素组成和含量。

1.9 元素丰度

1889 年,美国科学家克拉克等总结了世界各地 5159 种矿样分析结果数据,第一次提出各种化学元素在地壳中的平均含量值,其百分数,即元素的相对丰度。为纪念克拉克,元素丰度也被称为克拉克值。

元素丰度是一个统计平均值,元素丰度即元素的相对含量,丰度小的元素其克拉克值往往不够精确,各种参考书中所列元素丰度也不完全相同。

同一种元素的原子具有不同的质量,这些原子就叫同位素。质量数产生差异的原因是原子核中含有不同数量的中子。与之有关的还有绝对丰度和宇宙丰度(能观察到的那部分宇宙)的概念,表示方法亦有不同。

同位素丰度是自然界中存在的某一元素的各种同位素的相对含量(以原子百分数计)。地球上元素的同位素丰度只是指它们在地壳中的含量,如氢的同位素丰度 $P(^1H)=99.985\%$,$P(D)=0.015\%$;氧的同位素丰度 $P(^{16}O)=99.76\%$,$P(^{17}O)=0.04\%$,$P(^{18}O)=0.20\%$。

同位素丰度是以原子百分数表示的地壳中某种元素各同位素的相对含量。例如,氧的同位素 ^{16}O、^{17}O、^{18}O 的原子百分数即同位素丰度(%)为 99.76、0.04 和 0.20。自然界中氟、钠、铝等 21 种元素都只有一个同位素,因此 ^{19}F、^{23}Na、^{27}Al 等的同位素丰度为 100%。某元素的同位素丰度一般是固定的,可是用非常准确的同位素分析法发现,元素的同位素丰度因来源不同而有某些出入,通常有一个暂定的平均值。如 ^{10}B 的丰度为 20.316%～19.098%,暂定平均值为 20.0%。这种差异对轻元素较为明显。

同位素丰度有以下规律:原子序数在 27 号以前的元素中,往往有一种同位素的丰度占绝对优势。如 ^{14}N 为 99.64%,^{15}N 为 0.36%。大于 27 号的元素同位素的丰度趋向于平均,如锡的 10 种天然同位素中丰度最大的是 ^{120}Sn,为 32.4%。

我们知道,地球形成至今已有 46 亿年,现在地壳中各种化学元素的含量,一是与各种化学元素本身性质有关,二是与其形成初期各种化学元素的量有关。最初形成的量大、核稳定的化学元素,今天在地壳中含量较高,如原子核稳定的轻元素;而最初形成量小、核不稳定的化学元素,今天在地壳中含量就低,像一些放射性重元素,由于长期发生放射性衰变,其含量自然就低。

在地壳中丰度最大的化学元素是氧,丰度为 461×10^{-6},意味着占地壳总质量的 46%;其次是硅,丰度为 282×10^{-6},即占地壳总质量的 28%;以下是铝、铁、钙、钠、钾、镁。

从 1889 年克拉克发表地壳中各种化学元素平均含量以后,人们开始注意积累有关陨石、太阳、恒星、星云等各种天体中化学元素及其同位素分布的资料。1937 年,戈尔德施米特首次绘制出太阳系的各种元素原子数密度相对值曲线,即太阳系元素丰度曲线。1956 年,修斯和尤里根据地球、陨石和太阳的资料,绘制出更为详细、更为准确的元素丰度曲线。

从太阳系元素丰度看,氢最多,为 90%,其次是氦,为 9.7%,以下是氧、碳、氖、氮、镁、硅。丰度最小的化学元素是铀、镥、铽、钽、镏等。

宇宙中化学元素的丰度,主要取决于该元素的形成和它本身的性质。一般来说容易形成并且形成比较多的稳定轻元素,丰度就大;形成比较困难,形成量比较少,而又不稳定的重元素,丰度很小。根据化学元素形成的价键理论,各种化学元素都是由氢逐步形成的,氢当然是最丰的元素,氢聚变生成稳定的氦,氦再形成碳、氧等。用价键理论能够较合理地解释宇宙中化学元素的丰度差别。

1.10　生命元素

人们把维持生命所需要的元素称为生物体的必需元素,亦即生命元素(biological element)。这是它最简单的定义。有些科学家提出生命元素要具有以下特征:①存在于正常的组织中;②在各物种中有一定的浓度范围;③如果从机体排除这种元素,将会引起生理或结构变态,这种变态会伴随特殊的生物化学变化出现,重新引入这种元素之后,上述变态将可以消除。

按照上述定义,生物体的必需元素至少有 29 种,它们是氢、硼、碳、氮、氧、氟、钠、镁、硅、磷、硫、氯、钾、钙、钒、铬、锰、铁、钴、镍、铜、锌、砷、硒、溴、钼、锡和碘。

在生物体内,H、C、O、N、P 和 S 占很大比例。它们组成生物体中的蛋白质、糖类、脂肪、核酸等有机物,是生命的基础物质。另外,Na、K、Ca、Mg 和 Cl 也占有一定的比例,它们通常以离子形式在生物体内移动,这些元素被称为常量元素。Fe、Zn 和 Cu 的含量较低,Mn、Mo、Co、Cr、V、Ni、Sn、F、I、B、Si 和 Se 的含量更低,它们被称为微量元素。

除了 H、C、O、N、P 和 S 之外,其余 20 种必需元素在生物体内的作用也十分重要,它们往往是生命过程中具有重要功能的酶、激素等物质的关键组分,尤其是某些过渡金属元素,在金属蛋白和金属酶诸如催化、电子转移和与外来分子的结合等生物功能中起重要作用。

除了必需元素之外,生物体内还有一些其他元素,如 Sr 等,目前尚不了解它们的生物功能,暂且称它们为中性元素。过去曾把 Al 列为中性元素,现在人们已认识到 Al^{3+} 会引起贫血、痴呆,甚至导致死亡。还有一些元素对生物体,特别是对人体是有毒的,如 Hg、Cd、Pb 等重金属,人们称之为有害元素。如上所述,Al 也是一种有害元素,目前,As(也是必需元素,大量摄入后,As^{3+} 与酶中琉基结合而对酶活性产生影响)、Be(Be^{2+} 干扰 Mg^{2+} 参与的许多功能,还可导致肺癌和其他肺部疾病)、Tl(Tl$^+$ 干扰 K$^+$ 参与的许多功能而显神经毒性)也被列为有害元素。

下面简单介绍一些常量元素和微量元素的生物功能。

(1)K$^+$、Na$^+$。K$^+$ 和 Na$^+$ 间的主要差别是它们的离子半径和水合能差异很大,因此 K$^+$、Na$^+$ 离子在细胞内外的浓度分布很不平衡。在细胞内部,主要集中着 K$^+$(0.1051 mol·L^{-1}),Na$^+$ 离子浓度很低(0.01 mol·L^{-1});在细胞外部,主要分布着 Na$^+$(0.1431 mol·L-1),K$^+$ 离子浓度很低(0.005 mol·L^{-1})。Na$^+$ 是体液中浓度最大和交换很快的阳离子,它的主要功能是调节渗透压,保持细胞中的最适水位。K$^+$ 离子的电荷密度低,因而它具有通过扩散传输水溶液的能力。

(2)Ca^{2+}。Ca^{2+} 在细胞内的浓度(10^{-5} mol·L^{-1})比在细胞外的浓度(10^{-3} mol·L^{-1})小得多。钙是构成植物细胞壁和动物骨骼(主要成分是羟基磷灰石)的重要成分。人体内 99% 的钙存于骨骼和牙齿中,钙在维持心脏正常收缩、神经肌肉兴奋性、凝血和保持细胞膜完整性等方面起着重要作用。钙最重要的生物功能是信使作用,细胞内的信号传递依靠细胞内外 Ca^{2+} 的浓度差。

(3)Mg^{2+}。Mg^{2+} 是一种内部结构的稳定剂和细胞内酶的辅因子,细胞内的核苷酸以其 Mg^{2+} 配合物形式存在。因为 Mg^{2+} 倾向于与磷酸根结合,所以 Mg^{2+} 对于 DNA 复制和蛋白质生物合成都是必不可少的。Mg^{2+} 在光合作用中起着非常重要的作用。太阳能通过光合作用转化为生物能,并贮存起来。大气中的氧气便是光合作用的副产品。光合作用中涉及许多色素,叶绿素 a 是其中最重要的一种,它是镁的配合物,吸收可见光区的红光,为光合作用提供能量。

(4)Zn。锌是构成多种蛋白质分子的必需元素。人体内含锌量为 1.4~2.4 g,在各类金属酶中,对锌酶的研究最为详尽。早在 1934 年人们就发现,锌对哺乳动物的正常成长和发育是必不可少的。已发现的锌酶有数百种,它们参与糖类、脂类、蛋白质和核酸的合成与降解等代谢过程。近来还发现,锌酶可以控制生物遗传物质的复制、转录与翻译。微量元素锌虽然是生命过程中不可缺少的元素,缺锌可引起人体免疫缺陷,但锌过量也易造成慢性锌中毒,主要表现为顽固性贫血,食欲不振,血红蛋白含量降低,血清铁及体内铁贮存减少。

(5)Fe。人体中,Fe 是含量最丰富的金属,一般人体含铁 4.2~6.1 g,各种各样的代谢活性分子中都含有铁。在哺乳动物中,70% 的 Fe 是以卟啉配合物的形式存在的,如血红蛋白、肌红蛋白等。血红蛋白负责把 O_2 从空气中提取出来,并从肺部输送到肌肉组织,转交给肌红蛋白。微量元素铁虽然是人体很重要的元素,但只要不偏食,成人一般不会缺铁,并且如果铁在体内积聚过多,将会适得其反。微量元素铁过剩表现为:血色素沉着,肝脾肿大,肝硬化,性机能下降,免疫功能低下。

(6)Cu。虽然铜化合物有毒,但铜是必需元素。铜在人体内的主要作用是进行氧化还原反应,在生物系统中作为独特的催化剂,参与造血过程及铁的代谢,参与一些酶的合成和黑色素合成。对脊椎动物,在铁的代谢和氧的输送中,铜是必需的。高锌低铜的饮食会干扰胆固醇的正常代谢,易诱发冠心病,故 $m(Zn)/m(Cu)$(质量比)增大可能是冠心病发病的原因。缺铜时,常导致血液中胆固醇含量升高,动脉弹性降低,产生高血压。

(7)Co。钴对铁的代谢、血红蛋白的合成和红细胞的发育成熟等有重要作用。钴的主要功用是作为维生素 B 的必需组分。B_{12} 以及它的衍生物都是钴的配合物。每立方米血液中只含有 2×10^{-4} μg 的维生素 B_{12}。1948 年人们首次从肝脏中提取出了维生素 B_{12}。人体中的维生素 B_{12} 完全依赖于食物摄入。维生素 B_{12} 可以治疗恶性贫血症,它参与 DNA 和血红蛋白的合成、氨基酸的代谢等生化反应,在 Co(Ⅱ)和 Co(Ⅲ)配合物之间起电子传递作用。

(8)Mo。钼以 MoO_4^{2-} 的形式存在于生命体系中。钼是人体多种酶的重要成分,对细胞内电子的传递、氧化代谢有作用。含钼酶也很多,早在 20 世纪 30 年代人们就已经知道生物固氮(氮还原为氨)必须有钼元素存在,即必须有含钼固氮酶。固氮酶存在于许多植物(如豌豆、大豆等豆科植物)的根瘤菌中,这些植物可以直接利用这些细菌生产氮化合物,不必另施氮肥。

(9)Cr。Cr^{3+} 是胰岛素参与作用的糖代谢和脂肪代谢过程所必需的元素,也是正常胆固醇代谢的必需元素。精制食物造成铬的损失,人体缺铬后血脂和胆固醇升高,糖耐受量受损,严重时出现糖尿病和动脉硬化。若补充 Cr^{3+},病情可以改善。但必须指出,六价铬,如 CrO_4^{2-},是有毒有害的致癌物。

(10) Mn。锰是丙酮酸羟化酶、超氧化物歧化酶(SOD)、精氨酸酶等的组成成分,对动物的生长、发育、繁殖和内分泌有影响。锰在人体中具有促进细胞内脂肪氧化的作用,可减少肝脏内脂肪的含量,促进胆固醇的合成。土壤中含锰量高的地区,癌症发病率低。成人缺锰时,常出现食欲不振、体重下降、性机能障碍；人体内锰过量，会影响体内氧化还原和水解过程，主要作用于神经系统。

（11）Se。硒是人体红细胞谷胱甘肽过氧化物酶的组成成分。现已发现许多疾病与自由基对肌体的损伤有关。已知缺硒地区的克山病、大骨节病和某些癌症都和脂质过氧化有关。

目前对非金属元素的研究较少，因为它们不像金属元素那样易于作为中心离子去和生物配体发生作用，且对它们的分析工作也困难些，所以对其了解较少。

化学视野

扫描电子显微镜与原子结构

扫描电子显微镜（scanning electron microscope，SEM）通常简称为扫描电镜，是一种新型的电子光学仪器，见图 1-31。数十年来，扫描电镜已广泛用于材料科学（金属材料、非金属材料、纳米材料）、冶金、生物学、医学、半导体材料与器件、地质勘探、病虫害的防治、灾害鉴定、刑事侦察、宝石鉴定、产品质量鉴定及生产工艺控制等，促进了各有关学科的发展。

图 1-31　扫描电镜仪器外观

扫描电镜的工作原理：由电子枪发射出来的电子束，经栅极聚焦后，在加速电压作用下，经过二至三个电磁透镜所组成的电子光学系统，会聚成一个细的电子束聚焦在样品表面。在末级透镜上装有扫描线圈，在它的作用下电子束将在样品表面扫描。由于高能电子束与样品物质的交互作用，结果产生了各种信息：二次电子、背散射电子、吸收电子、X 射线、俄歇电子、阴极发光和透射电子等。这些信号被相应的接收器接收，经放大后送到显像管的栅极上，调制显像管的亮度。由于经过扫描线圈上的电流是与显像管相应的亮度一一对应的，也就是说，电子束打到样品上一点时，在显像管荧光屏上就出现一个亮点。扫描电镜就是这样采用逐点成像的方法,把样品表面不同的特征,按顺序、成比例地转换为视频信号,完成一帧图像,从而使我们在荧光屏上观察到样品表面的各种特征图像。

扫描电镜的发展历程与本章讨论的原子结构发展历史密切相关。

1923 年,法国科学家德布罗意发现微观粒子本身除具有粒子特性以外还具有波动性。电磁波在空间的传播是一个电场与磁场交替转换向前传递的过程。电子在高速运动时,其波长远比光波要短得多,于是人们就想到是不是可以用电子束代替光波来实现成像?

1926 年,德国物理学家布施(H. Busch)提出了关于电子在磁场中的运动理论。从理论上设想了可利用磁场作为电子透镜,达到使电子束会聚或发散的目的。

1932 年,德国柏林工业大学高压实验室的克诺尔(M. Knoll)和鲁斯卡(E. Ruska)研制成功了第一台实验室电子显微镜,这是后来透射式电子显微镜(transmission electron microscope,TEM)的雏形,有力地证明了使用电子束和电磁透镜可形成与光学影像相似的电子影像。这为以后电子显微镜的制造研究和性能提高奠定了基础。

1933 年,鲁斯卡用电镜获得了金箔和纤维的 1 万倍的放大像。至此,电镜的放大率已超过了光镜,但是对显微镜有着决定意义的分辨率,这时还只刚刚达到光镜的水平。

1937 年,柏林工业大学的克劳斯(Klaus)和米尔(Mill)继承了鲁斯卡的工作,拍出了第一张细菌和胶体的照片,获得了 25 nm 的分辨率,从而完成了使电镜超越光镜性能的这一丰功伟绩。

1939 年,鲁斯卡在德国西门子公司成功研制了第一台分辨率优于 10 nm 的商品电镜。鲁斯卡在电子光学和设计第一台透射电镜方面的开拓性工作被誉为"本世纪最重要的发现之一",他荣获了 1986 年诺贝尔物理学奖。

1940 年,英国剑桥大学首次试制成功扫描电镜。

扫描电镜的使用实例如下。

(1)观察纳米材料结构:纳米材料具有许多与晶体、非晶体不同的、独特的物理化学性质。扫描电镜的一个重要特点就是具有很高的分辨率,现已广泛用于观察纳米材料。

(2)直接观察大试样的原始表面:它能够直接观察直径 100 mm,高 50 mm,或更大尺寸的试样,对试样的形状没有任何限制,粗糙表面也能观察,这便免除了制备样品的麻烦,而且能真实观察试样本身物质成分不同的衬度(背散射电子像)。图 1-32 是不同放大倍数下的图像。

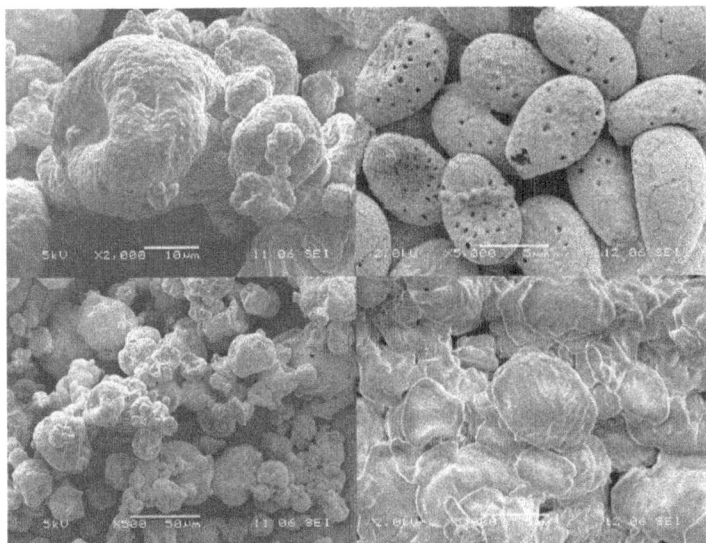

图 1-32 放大 2000 倍、5000 倍、500 倍和 100 倍的图像

(3)进行动态观察:在扫描电镜中,成像的信息主要是电子信息,根据近代的电子工业技术水平,即使高速变化的电子信息,也能毫不困难地及时接收、处理和储存,故可进行一些动态过程的观察,如果在样品室内装有加热、冷却、弯曲、拉伸和离子刻蚀等附件,则可以通过电视装置,观察相变、断裂等动态的变化过程。

化学视野

索维尔会议

图 1-33 是出席于 1927 年 10 月 24—29 日在比利时布鲁塞尔召开的第五次索尔维会议的物理学家们的一张合影。毫无疑问,他们是物理学史上创造新纪元的精英,29 个人之中有 17 人是诺贝尔奖的获得者,也可以毫不夸张地说,他们是 20 世纪科学进步的开拓者与奠基人。

20 世纪物理学的进步,源起于相对论和量子力学两个伟大理论的建立。为了协调新概念与经典理论之间的矛盾,1910—1911 年间,德国物理学界的两位领袖级人物普朗克(M. K. E. L. Planck,1858—1947)和能斯特(W. H. Nernst,1864—1941)酝酿召开一次国际性的学术会议,并取得了著名的比利时化学工业家和社会活动家索维(E. Ernest Solvay,1838—1922)的支持。于是,诞生了索尔维物理学会议(Solvay

Conference on Physics)。

第一次索尔维物理学会议于 1911 年 10 月在布鲁塞尔召开，会议的主题是辐射与量子论，著名的荷兰物理学家洛伦兹（H. A. Lorentz）担任会议科学委员会主席；参加的科学家有爱因斯坦、普朗克、居里夫人、索末菲、维恩、卢瑟福、朗之万、布里渊、庞加莱等人。

第二次索尔维会议召开于 1913 年，第三次召开于 1921 年，第四次召开于 1924 年，第五次召开于 1927 年，都由洛伦兹担任主席。索尔维会议一直延续至今，最近一次即第二十八次索尔维国际物理学会议，于 2022 年举行，会议主题为"量子信息物理学"，会议主席是美国著名物理学家、2004 年诺贝尔物理学奖得主戴维·格罗斯。

后排左起：

A. 皮卡尔德（A. Piccard），E. 亨利厄特（E. Henriot），P. 埃伦菲斯特（P. Ehrenfest），E. 赫尔岑（E. Herzen），Th. 德东德尔（Th. de Donder），E. 薛定谔（E. schrödinger），E. 费尔斯哈费尔特（E. Verschaffelt），W. 泡利（W. Pauli），W. 海森伯（W. Heisenberg），R. H. 福勒（R. H. Fowler），L. 布里渊（L. Brillonin）。

中排左起：

P. 德拜（P. Debye），M. 克努森，（M. Knudsen），W. L. 布拉格（W. L. Bragg），H. A. 克拉默斯（H. A. Kramers），P. A. M. 狄拉克（P. A. M. Dirac），A. H. 康普顿（A. H. Compton），L. 德布罗意（L. de Broglie），M. 玻恩（M. Born），N. 玻尔（N. Bohr）。

前排左起：

I. 朗缪尔（I. Langmuir），M. 普朗克（M. Planck），M. 居里夫人（M. Curie），H. A. 洛伦兹（H. A. Lorentz），A. 爱因斯坦（A. Einstein），P. 朗之万（P. Langevin），CH. E. 居伊（Ch. E. Guye），C. T. R. 威耳孙（C. T. R. Wilson），O. W. 理查森（O. W. Richardson）。

图 1-33　出席 1927 年 10 月 24—29 日在比利时布鲁塞尔召开的第五次索尔维会议的物理学家

第五次索尔维物理学会议格外星光熠熠，所以特别与众不同。许多参加会议者大多是那个时代物理学领域的领袖级人物。

照片中获得过诺贝尔物理学奖的有：洛伦兹（1902），居里夫人（1903），布拉格（1915），普朗克（1918），爱因斯坦（1921），玻尔（1922），威耳孙、康普顿（1927），理查森（1928），德布罗意（1929），海森伯（1932），薛定谔（1933），狄拉克（1933），泡利（1945），玻恩（1954）。获得诺贝尔化学奖的有：居里夫人（1911），朗缪尔（1932），德拜（1936）。

　　二维码中是关于出席第五次索尔维会议的 29 位科学家生平与对物理学的主要贡献的简单叙述,资料一部分来源于《中国大百科全书(物理学卷)》,一部分来自于百度与维基百科。

　　如前面所述,第五次索尔维会议的主题是"电子与光子",然而,会议上讨论或者说引起激烈论战的确是对量子力学的两种解释。在德布罗意、玻恩、海森伯、薛定谔、玻尔等人相继就自己的工作与理论解释做了大会发言之后,哥本哈根学派的锋芒毕露的年轻科学家们很快就对德布罗意、薛定谔及他们背后的爱因斯坦提出了挑战。爱因斯坦看来有些缺乏准备地作出回应,做了题为《对于量子理论的意见》的发言。爱因斯坦用一个简单的单孔电子衍射为例,提出关于实验结果的两种不同的观点,一种是"电子云"的结果,这是与德布罗意波和薛定谔方程相一致的,一种是"概率波"的结果,这是以玻恩的统计解释为代表的、他和海森伯、泡利等人主张的观点。爱因斯坦坚持因果论的哲学思维,显然是支持前者的,但又没有能力对后者给予强有力的回击。以爱因斯坦为首的科学家们和以玻尔为首的哥本哈根学派在关于量子力学的理论诠释方面的对立与论战由来已久,但是,公开"论剑",这还是第一次。所以,第五次索尔维会议不只是作为 20 世纪初最伟大的物理学家们的豪华聚会被记录在物理学史上,也是作为量子力学的两大学派的首次公开论战记录在物理学史上的。

图 1-34　第一次索尔维会议
　　　　　(1911 年)

　　图 1-34 至图 1-39 分别是第一次、第二次、第三次、第四次、第六次、第七次索尔维会议的合影。索尔维会议延续到当代,对 20 世纪至今自然科学和科学哲学的进步与发展的贡献是巨大的。

图 1 - 35 第二次索尔维会议
（1913 年）

图 1 - 36 第三次索尔维会议
（1921 年）

图 1 - 37 第四次索尔维会议
（1924 年）

图 1-38　第六次索尔维会议
（1930 年）

图 1-39　第七次索尔维会议
（1933 年）

思 考 题

1-1　简单说明四个量子数的物理意义及量子化条件。

1-2　下列各组量子数哪些是不合理的？为什么？

(1)$n=2, l=1, m=0$;　　　(2)$n=2, l=2, m=-1$;

(3)$n=3, l=0, m=0$;　　　(4)$n=3, l=1, m=+1$;

(5)$n=2, l=0, m=-1$;　　(6)$n=2, l=3, m=+2$.

1-3　用原子轨道符号表示下列各组量子数。

(1)$n=2, l=1, m=-1$;　(2)$n=4, l=0, m=0$;

(3)$n=5, l=2, m=-2$;　(4)$n=6, l=3, m=0$.

1-4　在氢原子中，4s 和 3d 哪一种状态能量高？在 19 号元素钾中，4s 和 3d 哪一种状态能量高？为什么？

1-5　为什么原子的最外层上最多只能有 8 个电子？次外层上最多只能有 18 个电子？（提示：从能级交错上去考虑。）

1-6　判断下列说法是否正确，并说明为什么。

(1)s 电子轨道是绕核旋转的一个圆圈,而 p 电子是走 8 字形。

(2)在 N 电子层中,有 4s、4p、4d、4f 共 4 个原子轨道。主量子数为 1 时,有自旋相反的两条轨道。

(3)氢原子中原子轨道能量由主量子数 n 来决定。

(4)氢原子的核电荷数和有效核电荷不相等。

1-7　多电子原子中,电子的能量是否由主量子数 n 和角动量量子数 l 决定?

1-8　主量子数 n 为 4 时,该电子层电子的最大容量为多少?

1-9　基态 Al 原子最外层电子的四个量子数对应的是哪一个?

A. $3,1,+1,+\dfrac{1}{2}$　　　B. $4,1,0,+\dfrac{1}{2}$

C. $3,2,1,+\dfrac{1}{2}$　　　D. $3,2,2,+\dfrac{1}{2}$

1-10　下列说法中错误的是哪一个?

A. 只要 n、l 相同,径向波函数 $R(r)$ 就相同

B. 波函数的角度分布图形与主量子数无关

C. 只要 l、m 相同,角度波函数 $Y(\theta,\phi)$ 就相同

D. s 轨道的角度分布波函数 $Ys(\theta,\phi)$ 也与角度 θ、ϕ 有关

1-11　某元素原子的外层电子构型为 $3d^5 4s^2$,它的原子中未成对电子数为多少?

A. 0　　　　B. 1　　　　C. 3　　　　D. 5

1-12　原子序数为 33 的元素,其原子在 $n=4$,$l=1$,$m=0$ 的轨道中的电子数为多少?

A. 1　　　　B. 2　　　　C. 3　　　　D. 4

习　题

1-1　当 l 等于(1)0;(2)2;(3)1;(4)3 亚层时分别有多少个轨道?

1-2　(1)$n=5$ 时有多少个亚层?
　　　(2)$n=5$ 壳层有多少条轨道?

1-3　下列轨道的角动量量子数分别是多少?
　　　(1)6p;(2)3d;(3)2p;(4)5f。

1-4　下列轨道分别可容纳多少个电子?
　　　(1)4p;(2)3d;(3)1s;(4)4f。

1-5　下列哪对离子具有更大的半径?
　　　(1)Ca^{2+},Ba^{2+};(2)As^{3+},Se^{2+};(3)Sn^{2+},Sn^{4+}。

1-6　下列哪对具有更小的第一电离能?
　　　(1)Ca 或 Mg;(2)Mg 或 Na;(3)Al 或 Na。

1-7　下列哪对元素具有更高的电负性?
　　　(1)O 或 F;(2)N 或 C;(3)Cl 或 Br;(4)Li 或 Na。

1-8　对多电子原子来说,当主量电子数 $n=4$ 时,有几个能级?各能级有几个轨道?最多能容纳几个电子?

1-9　写出原子序数分别为 25、49、79、86 的四种元素原子的电子排布式,并判断它们在周期表中的位置。

1-10　价电子构型分别满足下列条件的是哪一类或哪一种元素?

(1)具有 2 个 p 电子;

(2)有 2 个 $n=4,l=0$ 的电子和 6 个 $n=3,l=2$ 的电子;

(3)3d 为全满,4s 只有一个电子。

1-11　选出核外电子排布不正确的粒子。

A. $Cu^{1+}(Z=29)$　$[Ar]3d^{10}$

B. $Fe^{3+}(Z=26)$　$[Ar]3d^5$

C. $Ba(Z=56)$　$1s^2 2s^2 2p^6 3s^2 3p^6 4s^2 3d^{10} 4p^6 5s^2 4d^{10} 5p^6 6s^2$

D. $Zr(Z=40)$　$[Ar]4d^2 5s^2$

1-12　在具有下列价层电子组态的基态原子中,金属性最强的是哪一个?

A. $4s^1$　　B. $3s^2 3p^5$　　C. $4s^2 4p^4$　　D. $2s^2 2p^1$

1-13　根据下列各元素的价电子构型,指出它们在周期表中所处的周期和族,是主族还是副族。

$3s^1$　　$4s^2 4p^3$　　$3d^2 4s^2$　　$3d^5 4s^1$　　$3d^{10} 4s^1$　　$4s^2 4p^6$

1-14　完成下列表格。

原子序数	电子排布式	价电子构型	周期	族	元素分区
24					
	$1s^2 2s^2 2p^6 3s^2 3p^6 3d^{10} 4s^2 4p^5$				
		$4d^{10} 5s^2$			
			六	ⅡA	

1-15　完成下列表格。

价电子构型	元素所在周期	原子序数
$2s^2 2p^4$		
$3d^{10} 4s^2 4p^4$		
$4f^{14} 5d^1 6s^2$		
$3d^7 4s^2$		
$4f^9 6s^2$		

1-16　有 A、B、C、D 四种元素,其最外层电子依次为 1、2、2、7;其原子序数按 B、C、D、A 次序增大。已知 A 与 B 的次外层电子数为 8,而 C 与 D 的次外层电子数为 18。试问:

(1)哪些是金属元素?

(2)D 与 A 的简单离子是什么?

(3)哪一元素的氢氧化物的碱性最强?

(4)B 与 D 两元素间能形成何种化合物？写出化学式。

1-17 某一元素的原子序数为 24,回答下列问题:

(1)该元素原子的电子总数是多少?

(2)它的电子排布式是怎样的?

(3)价电子构型是怎样的?

(4)它属于第几周期? 第几族? 是主族还是副族? 其最高氧化物的化学式是什么?

第 2 章　分子结构与共价键理论

Chapter 2　Molecular Structure and Covalent Bond

为什么要学习这一章?

　　化合物的存在,以及由此追究原子间如何形成键,是化学的核心。研究人造血液、新型药物、农业化学品,以及用于制造光盘、手机、合成纤维等的聚合物,均基于对原子之间如何连接在一起的深入理解。

本章的核心思想是什么?

　　由于原子核与共用电子对的相互吸引,化合物的形成总是伴随着体系能量的降低。单个原子的电子构型控制着原子之间如何结合在一起。因此,要求熟悉共价键形成的本质及基本键型;掌握杂化轨道理论,会用杂化轨道概念解释一般分子的空间构型;掌握价电子对互斥理论,学会预言分子构型的一般方法;理解分子轨道理论的基本要点,会用分子轨道理论研究第一、二周期的双原子分子。

需要的知识储备有哪些?

　　原子结构和电子构型,能量基本特征,不同的化合物以及氧化数。

　　分子(molecules)是指由数目确定的原子组成的具有一定稳定性的物质,分子也是参与化学反应的基本单元。由两个原子组成的分子,如 Cl_2 分子、H_2 分子、气态 Na_2 分子等,叫双原子分子(diatomic molecules);由两个以上原子组成的分子,如 H_2O 分子、O_3 分子、S_8 分子、C_6H_6 分子等,叫多原子分子(polyatomic molecules)。原子之间靠化学键(chemical bond)结合而形成分子。

　　什么是化学键? 化学键是指分子内部原子之间的强相互作用力。简单地说,化学键是将原子结合成物质世界的作用力。元素周期表中的元素通过各种类型的化学键形成了五彩缤纷的大千世界。在这世界中,独立而相对稳定存在的结构单元是分子和晶体。因此,也可以说,化学键是指分子或晶体中两个和多个原子之间的强烈相互作用。典型的化学键有共价键、离子键和金属键,它们的特征见表 2-1。分子间及分子内部某些基团之间存在着分子间作用力,依靠这些作用力分子又相互结合形成分子聚集体或有序高级结构。

表 2-1　金属键、离子键和共价键的比较

性质	金属键	离子键	共价键
A 和 B 的电负性	A 电正性 B 电正性	A 电正性 B 电负性	A 电负性 B 电正性
结合力	自由电子和金属离子间吸引	A^+ 和 B^- 间静电吸引	成键电子将 A、B 结合在一起
结合的几何形式	金属原子密堆积	A—B 间最大程度地接近;A—A 间、B—B 间离得远	由价电子数控制
键强度	6 个价电子时最高,大于 6 和小于 6 时都逐渐减小	由离子大小和电价决定	由净成键电子数决定
电学性质	导体	固态为绝缘体,熔融态为导体	固态和熔融态均为绝缘体或半导体

请同学们考虑,什么原因可使化合物性质发生变化?为什么有的变化小,呈现渐变的规律;而有的变化大,出现突变的现象?答案是:由物质内部原子间的结合力不同所引起。所以,我们要学习原子间不同类型的结合力,也就是不同的化学键。

化合物中原子间的结合力只有极少数属于某一典型的键型,大多数则偏离这三种典型的化学键,而包含其他键型成分,这种现象称作键型变异现象。

本章重点学习共价键。路易斯(G. N. Lewis)早在 1916 年就提出了经典的共价键理论。他认为分子中原子之间可以通过共享电子对使每一个原子具有稳定的八电子构型,这样构成的分子称为共价分子。原子通过共用电子对而形成的化学键叫共价键(covalent bond)。两原子间共用一对电子的共价键叫共价单键,共用两对、三对电子的分别叫共价双键和共价三键,见图 2-1。这种成键规则叫八隅体规则。H_2、Cl_2、N_2 这样的分子中两个原子共用电子对程度相等,这类共价键叫非极性共价键(nonpolar covalent bond)。不同元素对电子的吸引能力不同,从而导致电子对偏向一个键合原子,这类共价键叫极性共价键(polar covalent bond)。

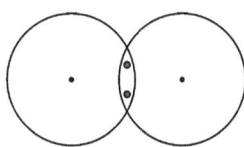

(a) 共用电子对

:N≡N:

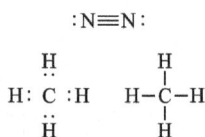

(b) 典型路易斯结构

图 2-1　共价键与典型路易斯结构

路易斯用元素符号之间的小黑点表示分子中各原子的键合关系。代表一对键电子的一对小黑点亦可用"—"代替。路易斯结构式能够简洁地表达单质和化合物的成键状况。

$$:\ddot{F}\cdot + \cdot\ddot{F}: \longrightarrow \quad :\ddot{F}(:)\ddot{F}: \quad 或 \quad :\ddot{F}-\ddot{F}:$$

图 2-2 所示为 PCl_3 和 PCl_5 的实例。

但是,有些分子违背了八隅体规则,如 $[SiF_6]^{2-}$ 、 PCl_5 和 SF_6 中 3 个中心原子的价层电子数大于 8,分别为 12、10 和 12,却能够稳定存在。另外,按照路易斯电子配对理论,不能解释为什么配对后的氧分子具有顺磁性。说明路易斯理论具有一定的局限性,而且路易斯的价键理论未能解释共价键的本质,也未能解释为什么电子配对能够使两个原子牢固结合。迄今为止,尚无统一的化学键理论能够解释所有物质的外在性质与内部结构之间的依赖关系,而是几种化学键理论并存。本章分别介绍共价键理论、杂化轨道理论、价层电子对互斥理论、分子轨道理论及化学键参数等。

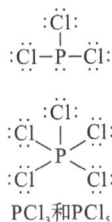

$$:\ddot{Cl}:$$
$$:\ddot{Cl}-P-\ddot{Cl}:$$

$$:\ddot{Cl}:$$
$$:\ddot{Cl} \quad | \quad \ddot{Cl}:$$
$$\quad \quad P$$
$$:\ddot{Cl} \quad | \quad \ddot{Cl}:$$
$$:\ddot{Cl}:$$

$$PCl_3和PCl_5$$

图 2-2　PCl_3 和 PCl_5 的
路易斯结构式

2.1　价键理论

2.1.1　共价键的形成和本质

1. 共价键的形成

海特勒(W. H. Heitler)和伦敦(F. W. London)在 1927 年用量子力学解释两个氢原子组成 H_2 分子的形成过程时,得到体系能量 E 与两个原子核间的距离 R 之间的关系——$E-R$ 曲线,见图 2-3。在两个氢原子相互靠近并彼此接近的过程中,系统能量的变化可表示为两核之间距离的函数。距离无限大时,两个氢原子之间不存在作用力,系统的势能为 0;随着距离逐渐减小,氢原子之间开始产生吸引力和排斥力。如果两个电子自旋方向相反,随着两核间距离的变小,系统能量逐渐降低,当 $R=R_0$ 时,曲线上出现能量最低点(E_d);当两个核进一步靠近时,体系总能量 E 随距离 R 减小而上升。如果两个电子自旋方向相同,随着两核间距离变小,体系的能量会逐渐升高。

由此可见,当电子自旋方向相反的两个电子相互靠近至核间距离为 R_0(称为核间距或键长)时,比两个远离的氢原子能量低(降低值 $E_d = 458$ kJ·mol^{-1}),此时,两个氢原子可以稳定地形成 H_2 分子。

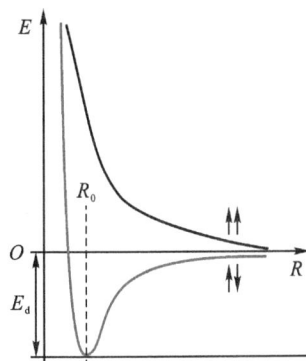

图 2-3　分子形成过程能量随
核间距变化示意图

(a) 重叠

(b) 排斥

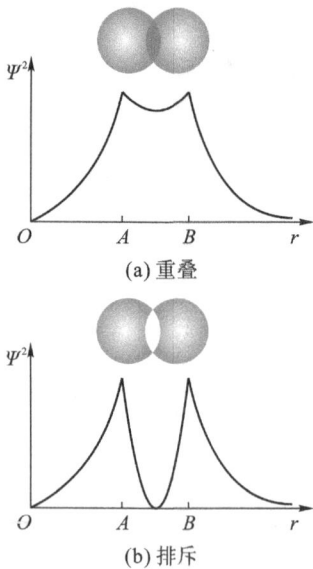

图 2 - 4　电子自旋方向相
同及相反时原子轨道相互重
叠及排斥示意图

2. 共价键的本质

价键理论(valence bond theory,简称 VB 理论)认为,当电子自旋方向相反的两个电子相互靠近时,原子轨道相互重叠,形成稳定的共价键,如图 2-4(a)中的 A 原子一条 s 轨道与 B 原子一条 s 轨道的重叠。在成键时,未成对价电子自旋方式相反,对称性一致,原子轨道采取最大程度重叠,原子核间电子的概率密度(电子云)增大,对两个原子核产生了吸引,这就是共价键的本质。图 2 - 4(b)为电子自旋方向相同的两个电子相互靠近时原子轨道相互排斥。

价键理论以量子力学为基础,继承了路易斯共用电子对的概念,揭示了共价键的本质是原子轨道重叠。轨道重叠意味着两核之间的重叠部分具有较大的电子密度。因此,共价作用力的实质为核间较大的电子密度对两核的吸引力。轨道重叠程度越大,核间的电子密度越大,形成的共价键越强,由共价键形成的分子越稳定。

思考:共价键是如何形成的? 其本质是什么?

2.1.2　价键理论的基本要点

(1)电子配对原理:自旋方向相反的单电子可以配对构成共价键。1 个原子能形成共价单键的最大数目等于其未配对电子的数目。

(2)原子轨道重叠时要满足最大重叠原理:重叠越多,共价键越牢固。如 s 轨道与 p 轨道重叠,可能有图 2-5 所示的情况。

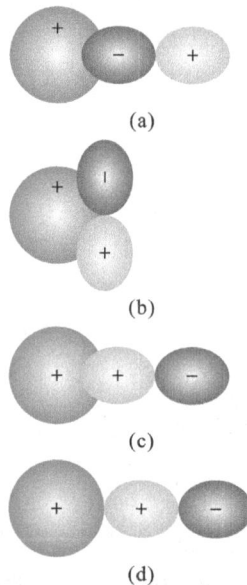

(a)

(b)

(c)

(d)

图 2-5　原子轨道重叠实例

图 2-5(a)所示为异号重叠,是无效重叠;图 2-5(b)所示为同号重叠与异号重叠相互抵消,是无效重叠;(c)和(d)所示均为同号重叠,是有效重叠,但是,在图 2-5(c)中重叠部分大于图 2-5(d)中重叠部分,所以图 2-5(c)满足最大重叠条件;图 2-5(d)不满足最大重叠条件。也就是说,沿着两核连线的重叠才满足最大重叠条件。因此,当原子轨道对称性匹配(同号重叠)时才发生有效重叠。

从以上讨论可以看出,共价键的特点是具有饱和性和方向性。饱和性是指每种元素的原子能提供用于形成共价键的轨道数目是一定的,所以共价分子中每个原子最大的成键数是一定的。第二周期元素原子的价层只有 4 条轨道,形成共价分子时最多只能有 4 个共价键。第三周期元素原子的价层有 9 条轨道,利用这一事实可以解释某些化合物为什么不服从八隅体规则。共价键是原子轨道重叠形成的,且原子轨道重叠时要满足最大重叠条件,必须选择一定的方向性,因此,共价键具有方向性。形成共价键时,原子轨道总是尽可能沿着电子出现概率最大的方向重叠以尽量降低系统的能量。正是原子轨道在核外空间的取向和轨道重叠方式的要求决定了共价键具有方向性。

以下按照价键理论的基本要点分析由 H 原子($1s^1$)、Cl 原子(价层屯了构型为 $3s^2 3p^2 3p^2 3p^1$)相互作用形成的三种双原子分子。两个 H 原子以各自的 1s 轨道相互重叠使电子自旋配对形成 H_2 分子[图 2-6(a)];H 原子的 1s 轨道与 Cl 原子中单电子占据的 3p 轨道重叠形成 HCl 分子[图 2-6(b)];两个 Cl 原子以其各自原子中单电子占据的 3p 轨道重叠形成 Cl_2 分子[图 2-6(c)]。

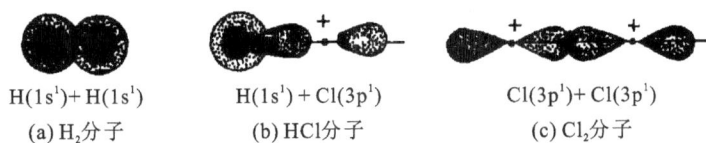

$H(1s^1)+H(1s^1)$	$H(1s^1)+Cl(3p^1)$	$Cl(3p^1)+Cl(3p^1)$
(a)H_2分子	(b)HCl分子	(c)Cl_2分子

图 2-6　共价键形成方向性示意图

2.1.3　共价键的键型

1. σ 键

原子轨道沿着核间连线方向进行同号重叠而形成的共价键(头碰头)叫 σ 键(σ bond)。电子云在核间连线形成圆柱形对称分布,如图 2-7 中的 $s-s$、$s-p_x$ 及 p_x-p_x 重叠都形成 σ 键。

s 轨道为球形对称,两条 s 轨道间的重叠没有方向性;p 轨

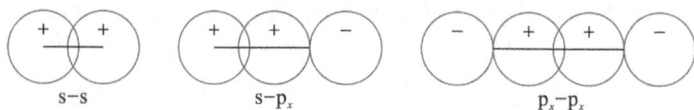

图 2-7 σ键

道为哑铃形,图 2-7 中所示的重叠方向是最有利于实现最大程度重叠的方向。三种重叠的共同特点是电子云密度关于键轴(原子核之间的连线)对称。具有这种特征的共价键叫 σ 键。例如图 2-8 所示的 H_2、Cl_2、HCl 中的 σ 键。

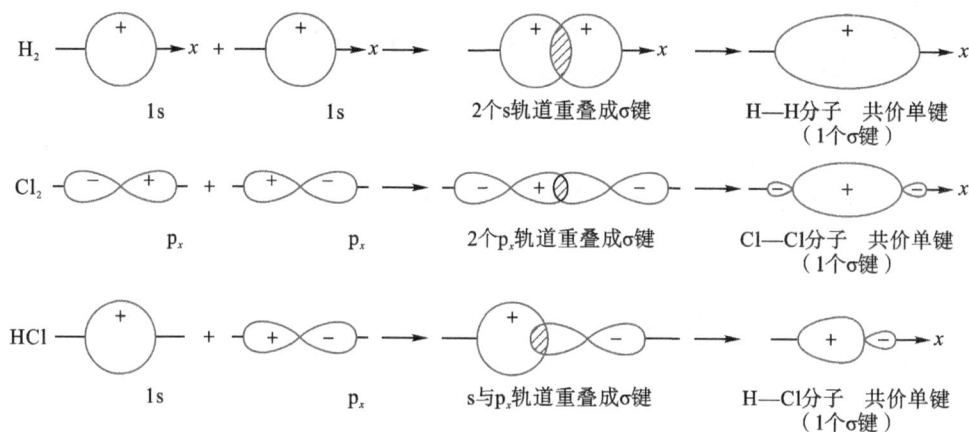

图 2-8 H_2、Cl_2、HCl 中的 σ 键

2. π 键

p-p 轨道重叠形成 σ 键之后,另外两个垂直的 p 轨道会形成垂直于这个 σ 键键轴的 p-p 重叠(p_y-p_y 重叠,p_z-p_z 重叠),见图 2-9,这样形成的共价键称为 π 键(π bond),即两个 p 原子轨道垂直于核间连线并相互平行而进行同号重叠所形成的共价键叫 π 键。π 键的特征是电子云在核间连线(键轴)两侧以"肩并肩"方式重叠,如图 2-10 中的 p_y-p_y 或 p_z-p_z[图 2-10(a)]重叠。

形成 π 键的电子叫 π 电子。π 键属于共价键,除了 p-p π 键还可以形成 p-d π 键(由 p 轨道与 d 轨道重叠形成的 π 键)、d-d π 键(由 d 轨道与 d 轨道重叠形成的 π 键),分别见图 2-10(b)和(c)。

(1) p-p π 键:这是最常见的一种,如乙烯、硝酸、二氧化碳、氧气、苯等分子内的 π 键都属此类。例如,p_y 与 p_y 轨道对称性相同的部分,以"肩并肩"(侧面)的方式,沿着 x 轴的方向靠近、重叠,其重叠部分对等地处在包含键轴(这里指 x 轴)的 xOy 平面上、下两侧,形状相同而符号相反,亦即对 xOy 平面具有反对称性,这样的重叠所成的键,即为 π 键,如图 2-10

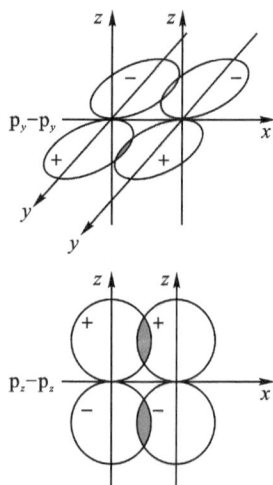

图 2-9 p 轨道相互重叠形成 π 键

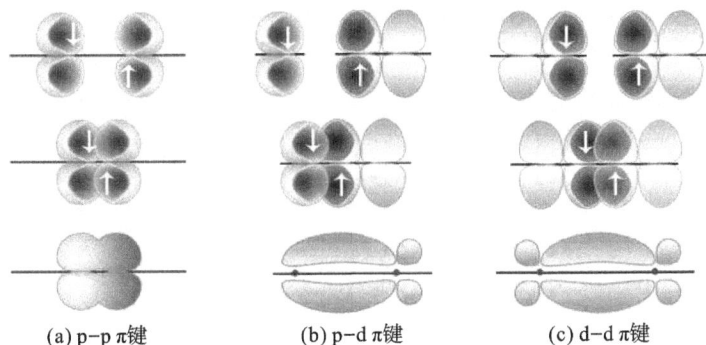

(a) p-p π 键　　　(b) p-d π 键　　　(c) d-d π 键

图 2-10　不同的轨道形成 π 键

(a)所示。

（2）p-d π 键:这种 π 键其实并不少见,比如硫酸根、高氯酸根、高锰酸根、重铬酸根等都有,但最引人注意的是过渡金属羰基配合物的反馈 p-d π 键,如图 2-10(b)所示。金属中有电子对的 d 轨道与一氧化碳 p-p π 键的反键轨道形成配位 π 键。因为这个反键轨道的形状与 d 轨道形状相似(对称性好)且能量相近,满足成键的三大要素中的两个。

（3）d-d π 键:经典代表为八氯化二铼(Re_2Cl_8),它的分子结构中有两个 d-d π 键,由两个铼原子的 d_{xz} 和 d_{yz} 轨道分别给出两瓣相交成键,如图 2-10(c)所示。

π 键的重叠程度比 σ 键小,所以 π 键不如 σ 键稳定,也就是说,π 键通常比 σ 键弱,因为它的电子云距离带正电的原子核的距离更远,需要更多的能量。量子力学的观点认为,π 键的强度很弱主要是因为平行的 p 轨道间重叠不足。π 键通常伴随 σ 键出现,π 键的电子云分布在 σ 键的上下方。σ 键的电子被紧紧地定域在成键的两个原子之间,π 键的电子相反,它可以在分子中自由移动,并且常常分布于若干原子之间。当形成 π 键的两个原子以核间轴为轴做相对旋转时,会减少 p 轨道的重叠程度,最后导致 π 键的断裂。

例如 N_2 分子,以 3 对共用电子将 2 个 N 原子结合在一起。N 原子的外层价电子构型为 $2s^2 2p^3$,成键时用的是 3 个 p 轨道的未成对电子,N_2 分子的成键状况如图 2-11 所示。

图中,$2p_x$-$2p_x$ 形成 σ 键,$2p_y$-$2p_y$ 和 $2p_z$-$2p_z$ 形成 2 个 π 键,且 2 个 π 键相互垂直。2 个 N 原子的 p 轨道优先以"头对头"方式重叠形成一个 σ 键,限制其余两对 p 轨道只能"肩并肩"重叠。π 键的重叠程度小于 σ 键,因此,一个 π 键提供的原子间结合力小于一个 σ 键。

一般来说,单键均为 σ 键,因均需沿核间连线重叠才能满足最大重叠条件;双键中有一个 σ 键和一个 π 键;三键中有一个 σ 键,2 个 π 键。

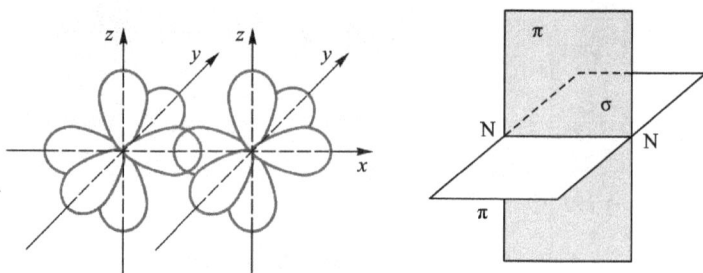

图 2-11 N_2 分子的 σ 键和 π 键

3. 配位键

凡共用的一对电子是由一个原子单独提供的共价键叫作配位键,用"→或←"表示。配位键形成的条件是提供电子对的原子有孤对电子及接受电子对的原子有空轨道。

如 CO,C 原子的价电子构型为 $2s^2 2p^2$,O 原子的价电子构型为 $2s^2 2p^4$。假设 C 原子的 $2p_x$、$2p_y$ 各有一未配对电子,$2p_z$ 轨道是空的;而 O 原子的 $2p_x$、$2p_y$ 各有一未成对电子,则 $2p_x-2p_x$ 形成 σ 键,$2p_y-2p_y$ 形成 π 键;$2p_z-2p_z$ 形成配位键。故 CO 分子结构为

$$\overset{\longleftarrow}{C}=O$$

思考:共价键的键型有什么特征?

2.2 杂化轨道理论

价键理论成功地阐明了共价键的本质及特点,但对分子结构中不少的实验事实却无法解释,如无法解释简单的 CH_4 分子结构。按照价键理论,C 原子只能形成两个共价单键(C 原子的外层电子分布为 $2s^2 2p^2$),且这两个键相互垂直(键角 $90°$)。但实际上,CH_4 中的 C 原子能形成 4 个单键,且 4 个 C—H 单键的键长完全相同、键能相等,4 个 C—H 键之间的夹角相等,都为 $109°28'$,分子的空间构型为正四面体。为了更好地说明这类问题,鲍林等人以价键理论为基础,提出杂化轨道(hybrid orbital)理论。

2.2.1 杂化轨道理论要点

(1) 原子在形成分子时,为了增强成键能力、使分子稳定

性增加,趋向于将若干个不同类型的能量、形状和方向不同的轨道进行重新组合。这种轨道重新组合的过程称为杂化(hybridization),所形成的新轨道叫作杂化轨道。只有能量相近的原子轨道才能相互杂化。如主量子数相同的 s 轨道与 p 轨道之间杂化。过渡元素原子的 $(n-1)$d 亚层与 ns、np 亚层轨道能级接近,它们之间也可以发生杂化。

(2) 杂化轨道的数目等于参与杂化的原子轨道总数目。n 条原子轨道杂化,形成 n 条杂化轨道。如 sp^3 杂化轨道是由 1 条 s 轨道与 3 条 p 轨道杂化形成 4 条杂化轨道。杂化轨道的成键能力大于未杂化的轨道。

(3) 杂化轨道与其他原子成键时,电子对之间采取排斥力最小的位置,以使分子系统的能量最低,分子最稳定。不同类型的杂化,杂化轨道的空间取向不同。

2.2.2　杂化轨道类型

1. sp 杂化轨道

由一条 s 轨道和一条 p 轨道混合产生 2 条相同的 sp 杂化轨道,每一条 sp 杂化轨道中含有 $\frac{1}{2}$ 原 s 轨道和 $\frac{1}{2}$ 原 p 轨道的成分。

以 $BeCl_2$ 为例描述这类分子的形成过程,如图 2-12 所示。$BeCl_2$ 分子为直线型,键角为 180°。基态 Be 原子中的一个 2s 电子被激发至 2p 轨道,能量和形状都不相同的 1 条 2s 轨道和 1 条 2p 轨道通过杂化形成 2 条能量和形状相同的 sp 杂化轨道。s 轨道与 p 轨道形成 sp 杂化轨道后,"+"号部分增大,"-"号部分减小。sp 杂化轨道与其他原子轨道重叠成键时,重叠得越多形成的键越稳定。新轨道的电子密度在核的一方相对集中(葫芦形),这种形状更有利于实现最大重叠。由于它们在原子核外空间以 180°取向,两个 Cl 原子各以一条 p 轨道与之重叠形成直线形 $BeCl_2$ 分子(图 2-13)。

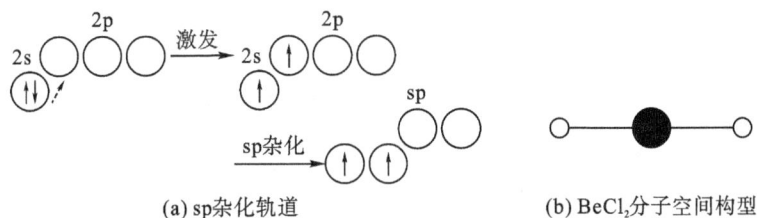

(a) sp杂化轨道　　　　(b) BeCl₂分子空间构型

图 2-12　sp 杂化轨道及分子空间构型

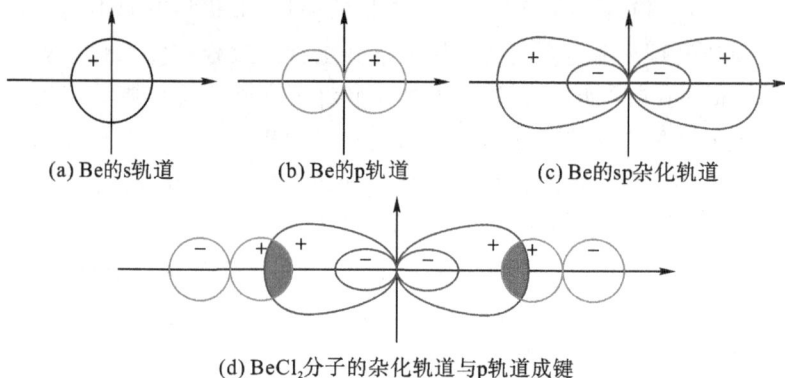

(a) Be的s轨道　　(b) Be的p轨道　　(c) Be的sp杂化轨道

(d) BeCl₂分子的杂化轨道与p轨道成键

图 2-13　BeCl₂ 分子杂化轨道成键

2. sp² 杂化轨道

由 1 条 s 轨道与 2 条 p 轨道混合产生 3 条等同的 sp² 杂化轨道，每条 sp² 杂化轨道中含有 $\frac{1}{3}$ 原 s 轨道和 $\frac{2}{3}$ 原 p 轨道的成分。

以 BCl_3 为例分析如下。BCl_3 中的 B 原子采取 sp² 杂化。基态 B 原子中的一个 2s 电子被激发至 2p 轨道，1 条 2s 轨道和 2 条 2p 轨道通过杂化形成 3 条能量和形状相同的 sp² 杂化轨道。

3 条 sp² 杂化轨道指向平面三角形的 3 个顶点，图 2-14 和图 2-15 给出杂化轨道在核外空间的伸展方向和成键时轨道的重叠状况。

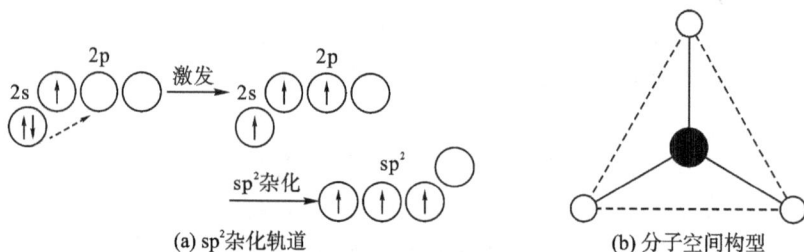

(a) sp²杂化轨道　　(b) 分子空间构型

图 2-14　sp² 杂化轨道及分子空间构型

以 C_2H_4 分子为例分析如下。如图 2-12 所示，C_2H_4 分子中的两个 C 原子分别采取 sp² 杂化。基态 C 原子中的一个 2s 电子被激发至 2p 轨道，1 条 2s 轨道和 2 条 2p 轨道通过杂化形成 3 条能量和形状相同的 sp² 杂化轨道。sp² 杂化轨道指向平面三角形的 3 个顶点。H—C—H 键角为 120°，C_2H_4 分子为平面三角形结构。

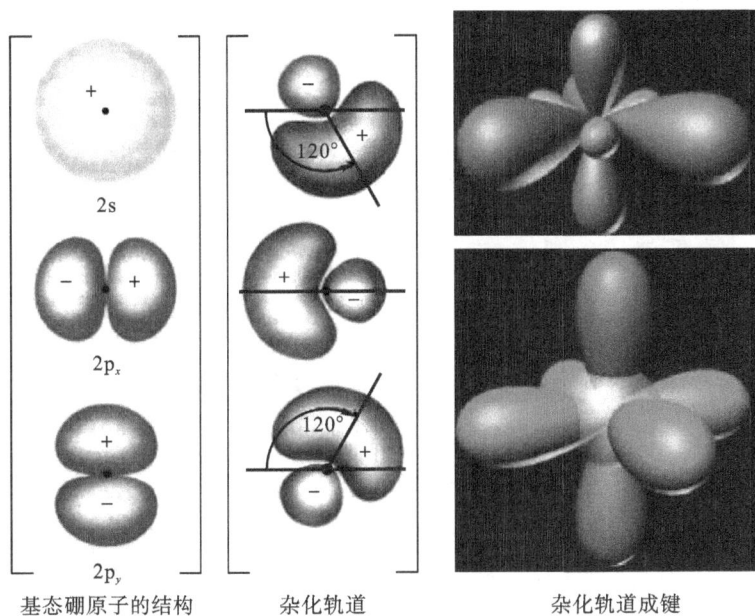

图 2-15　BCl_3 分子的 sp^2 杂化轨道成键

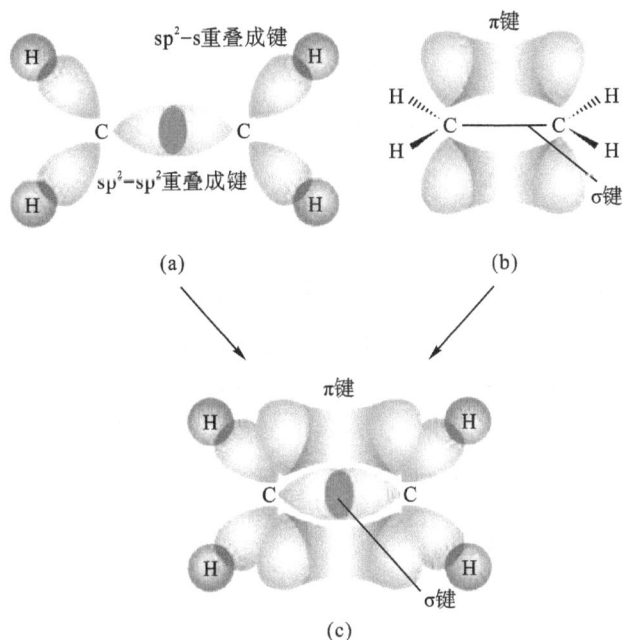

图 2-16　C_2H_4 分子的 sp^2 杂化轨道成键

3. sp^3 杂化轨道

1 条 s 轨道与 3 条 p 轨道混合产生 4 条等同的 sp^3 杂化轨道,每条 sp^3 杂化轨道中含有 $\frac{1}{4}$ 原 s 轨道和 $\frac{3}{4}$ 原 p 轨道的成分。这里以 CH_4 为例进行分析。基态 C 原子中的一个 2s 电子被激发至 2p 轨道,1 条 2s 轨道和 3 条 2p 轨道通过杂化形成 4 条能量和形状相同的 sp^3 杂化轨道。图 2-17 和图 2-18 给出了杂化轨道在核外空间的伸展方向和成键时轨道的重叠状况。sp^3 杂化轨道指向正四面体的 4 个顶点,从而决定了 CH_4 分子的正四面体结构($H-C-H$ 键角为 109°28′)。

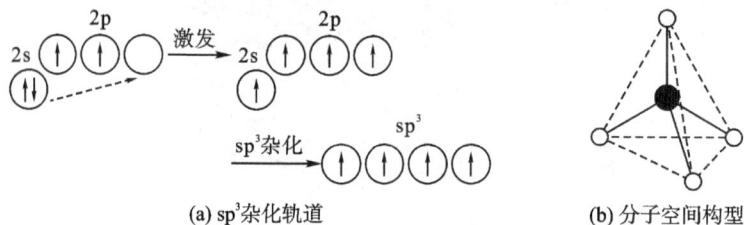

(a) sp^3 杂化轨道   (b) 分子空间构型

图 2-17 sp^3 杂化轨道及分子空间构型

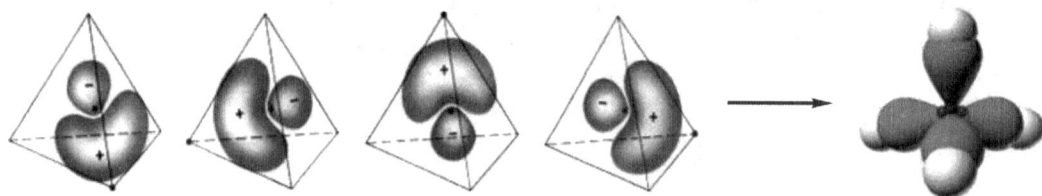

图 2-18   C 的 4 个 sp^3 杂化轨道成键形成 CH_4 分子

思考:不同原子的轨道是否可以进行杂化?

4. sp^3d 和 sp^3d^2 杂化轨道

第三周期元素的原子由于 d 轨道能参与成键,所以还能生成由 s 轨道、p 轨道和 d 轨道混合的 sp^3d 杂化轨道和 sp^3d^2 杂化轨道。PCl_5 和 SF_6 分子就是通过 P 原子和 S 原子的这类杂化轨道与 Cl 原子和 F 原子的 p 轨道重叠生成的(图 2-19 及图 2-20)。PCl_5 分子中,P 原子的 5 条 sp^3d 杂化轨道伸向核外空间三角双锥的顶点,而 SF_6 分子中 S 原子的 6 条 sp^3d^2 杂化轨道则伸向核外空间正八面体的顶端。这种空间取向解释了两个分子的几何形状。PCl_5 为三角双锥,SF_6 为正八面体。

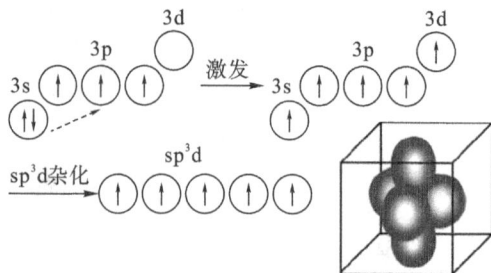

图 2-19 PCl_5 分子中 P 原子的 5 条 sp^3d 杂化轨道及分子空间构型

值得注意的是,轨道杂化是指同一原子中相关轨道的混合,由之产生的杂化轨道也是原子轨道。杂化只能发生在能级接近的轨道之间。杂化轨道的数目等于参与杂化的原子轨道总数目,其数值等于轨道名称中上标数字之和。各种杂化轨道与分子空间构型见表 2-2。

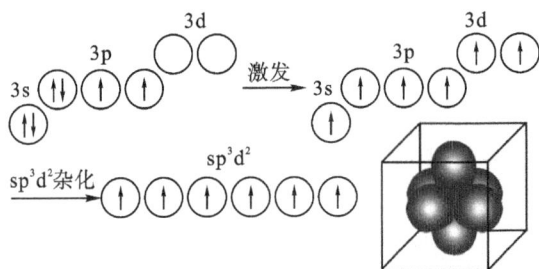

图 2-20 SF$_6$ 分子中 S 原子的 6 条 sp^{3}d^2 杂化轨道及分子空间构型

表 2-2 各种杂化轨道与分子空间构型

杂化轨道	杂化轨道数目	键角	分子几何构型	实例
sp	2	180°	直线	BeCl$_2$,CO$_2$
sp^2	3	120°	平面三角形	BF$_3$,AlCl$_3$
sp^3	4	109.5°	四面体	CH$_4$,CCl$_4$
sp^{3}d	5	90°,120°	三角双锥体	PCl$_5$
sp^{3}d^2	6	90°	八面体	SF$_6$,SiF$_6^{2-}$

思考:杂化轨道与分子构型有何对应关系?

2.2.3 杂化轨道应用

例 2-1 用杂化轨道解释 NH$_3$ 分子的几何构型。

已知其几何构型为三角锥,键角为 107.3°。与 C 原子相似,N 原子和 O 原子也可以其 2s 轨道与 3 条 2p 轨道杂化形成 4 条 sp^3 杂化轨道。不同的是,N 原子和 O 原子分别比 C 原子多 1 个和 2 个电子,各自形成的 sp^3 杂化轨道分别含有 1 对和 2 对孤对电子,这种含有孤对电子的杂化轨道叫不等性杂化轨道。孤对电子的存在使杂化轨道间的夹角略有压缩。

N 的价电子构型为 2s^{2}2p^3,与 3 个 H 原子形成 NH$_3$ 时,N 原子发生了如图 2-21 所示的 sp^3 不等性杂化。其中,一对孤对电子占据的杂化轨道能量较低,含更多的 s 成分,其他 3 个 sp^3 杂化轨道拥有相同的 s 成分与 p 成分,分别与 3 个 H 原子形成 NH$_3$。由于孤对电子只受一个核的吸引,电子云比较"肥大",其对成键电子对产生较大的斥力,迫使 N—H 键的键角

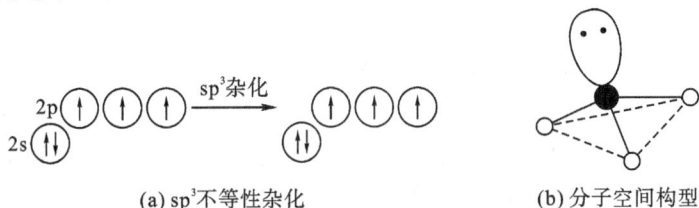

(a) sp^{3}不等性杂化　　　　(b) 分子空间构型

图 2-21 NH$_3$ 分子的杂化轨道及空间构型

由 109.5°缩小至 107.3°。

例 2 - 2 用杂化轨道解释 H_2O 分子的几何构型。

已知 H_2O 分子的几何构型为 V 形,键角为 104.5°。O 的价电子构型为 $2s^2 2p^4$,与 2 个 H 原子形成 H_2O 时,O 原子发生了如图 2-22 所示的 sp^3 不等性杂化。其中,两个杂化轨道能量较低,被 2 对孤对电子占据,含更多的 s 成分;其他 2 个 sp^3 杂化轨道拥有相同的 s 成分与 p 成分,分别与 2 个 H 原子形成 H_2O。2 对孤对电子产生的斥力更大,迫使 O—H 键的键角缩小至 104.5°。

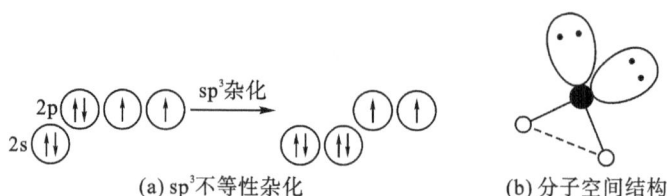

图 2-22 H_2O 分子的杂化轨道及空间构型

2.3 价层电子对互斥理论

2.3.1 价层电子对互斥理论基本要点

1940 年,为了预言多原子分子的几何构型,西奇威克(N. Sidgwick)和鲍威尔(H. Powell)提出价层电子对互斥理论(valence shell electron pair repulsion,VSEPR),用以预测分子的几何构型。其基本要点如下。

(1)分子或离子 AB_n 的几何构型取决于中心原子 A 的价电子对数 N。A 为中心原子,B 为配位原子(也叫端位原子),下标 n 表示配位原子的个数。

(2)VSEPR 理论认为,分子中的价层电子对由于相互排斥而均匀地分布在分子中。因此,价电子对数 N 的数目决定了一个分子或离子中的价层电子对在空间的分布。价层电子对由于静电排斥作用而趋向尽可能彼此远离,使分子尽可能采取对称结构。

n 个 B 原子的理想排布应当采取的是 A 原子周围成键电子对之间排斥力最小的那种方式。$N=2、3、4、5、6$ 时分别排布在以 A 原子为中心的直线段、平面三角形、正四面体、三角双锥体和正八面体顶点上。

(3)在考虑分子的基本形状时,要考虑到孤对电子对成键电子对有较大的排斥力,这种排斥力往往使键角∠BAB 压缩。例如 CH_4 分子(C 原子上没有孤对电子)具有理想四面体键角 109.5°;NH_3 分子 N 原子上的一对孤电子将∠HNH 键角压缩至 107.28°;H_2O 分子 O 原子上的两对孤对电子则将∠HOH 键角压缩至 104.5°。电子对之间排斥力大小顺序如下：

- 电子对间夹角愈小,斥力愈大;
- 孤对电子与孤对电子的排斥力＞孤对电子与成键电子对的排斥力＞成键电子对与成键电子对的排斥力;
- 三键的排斥力＞双键的排斥力＞单键的排斥力。

2.3.2　多原子分子结构及几何构型预测

分子或离子几何构型的推断步骤如下。

1. 确定中心原子的价层电子对数(N)

中心原子的价层电子对数为

$$N = \frac{1}{2}[\text{A 的价电子数} + \text{B 提供的价电子数} \pm \text{离子电荷数}(\tiny{\begin{matrix}\text{负}\\\text{正}\end{matrix}})] \qquad (2-1)$$

一般来说,式(2-1)中 A 的价电子数＝A 所在的族数,B 的价电子数与常规的使用所在族数判断价电子相同,只是 H 和卤素记为 1,氧和硫记为 0。如果所讨论的物质为正离子,应减去离子的电荷数;如果所讨论的物种为负离子,应加上离子的电荷数。极少数情况下分子中仍保留有未成对电子,按上述方法计算出来的 N 为小数时,应在数位上进 1 变为整数。

2. 确定价层电子对的排布方式

价层电子对应尽可能远离,以使排斥力最小。这种情况归纳于表 2-3。

表 2-3　中心原子上不含孤对电子的共价分子的几何形状

分子式	价层电子对数(N)	价层电子对的排布方式	空间结构
AB_2	2	直线 (180°)	B—A—B
AB_3	3	平面三角形 (120°)	
AB_4	4	正四面体 (109°28′)	
AB_5	5	三角双锥 (180°,120°,90°)	

续表

分子式	价层电子对数(N)	价层电子对的排布方式	空间结构
AB_6	6	正八面体 (90°,180°)	

3. 确定中心原子的孤对电子对数目 E, 推断分子几何构型

价电子对数 N 包括成键电子对数目和孤对电子对数目 E 两项。$E=0$ 时, 分子的几何构型与电子对的几何构型相同。$E \neq 0$ 时, 分子的几何构型不同于电子对的几何构型。

由表 2-3 的几何构型不难推演出中心原子 A 上带有孤对电子时共价分子的基本形状, 与图 2-23 对应。图 2-23 中, 对 AB_5 型三角双锥分子而言, 孤对电子优先代替平伏位置上的 B 原子和相关成键电子; 对 AB_6 型正八面体分子而言, 第二对孤对电子优先代替第一对孤对电子反位的那个 B 原子和相关成键电子。

思考: 如何正确计算阶层电子对数目?

例 2-3 判断 OF_2 分子的基本形状。

解: 中心原子 O 的价电子数为 $6(2s^2 2p^4)$, F 原子的未成对电子数为 1。根据式(2-1)算得中心原子价电子对的总数和孤对电子对数目分别为 4 和 2。

价电子的理想排布方式为正四面体, 但考虑到其中包括两对孤对电子, 所以 OF_2 分子的几何构型为角形或 V 型。

例 2-4 判断 XeF_4 分子的基本形状。

解: 中心原子 Xe 的价电子数为 8, F 原子的未成对电子数为 1。根据式(2-1)算得中心原子价电子对的总数和孤对数分别为 6 和 2。

中心原子价层有 6 对电子。理想排布方式为正八面体, 但考虑到其中包括两个孤对, 所以分子的实际几何形状为平面四边形, 相当于图 2-23 中的 AB_4E_2 型分子, 详见表 2-4。

价电子对互斥理论在预言多原子分子形状方面取得了令人惊奇的成功, 但其理论本身仍然是路易斯思路的延伸。

以 XeF_4 分子为例的计算方法:

价电子对总数
$=4+(8-4)/2=6$

孤电子对的数目
$=(8-4)/2=2$

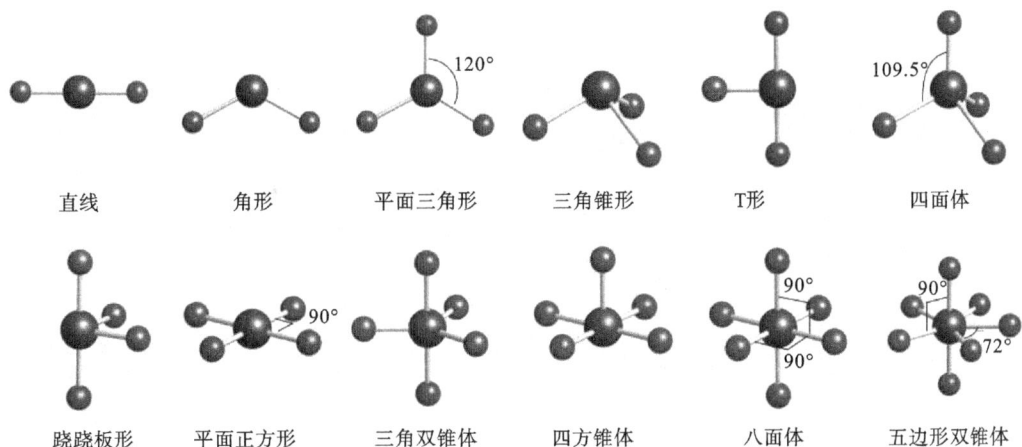

直线　　　　角形　　　　平面三角形　　　三角锥形　　　　T形　　　　四面体

跷跷板形　　平面正方形　　三角双锥体　　　四方锥体　　　八面体　　五边形双锥体

(a) 简单分子的几何形状

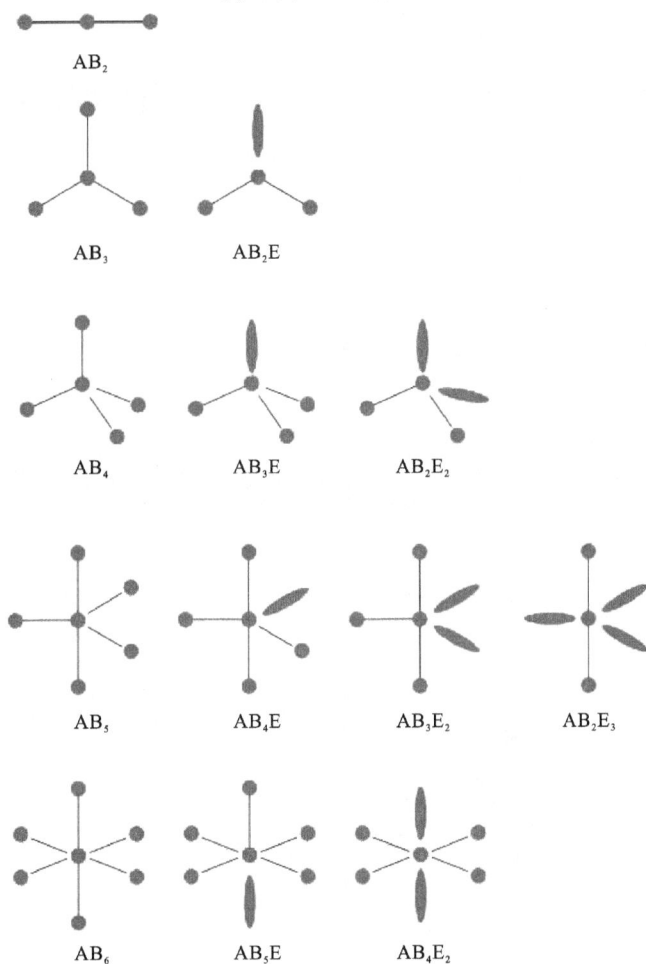

AB_2

AB_3　　　　AB_2E

AB_4　　　　AB_3E　　　　AB_2E_2

AB_5　　　　AB_4E　　　　AB_3E_2　　　　AB_2E_3

AB_6　　　　AB_5E　　　　AB_4E_2

(b) 中心原子A上带有孤对电子时其共价分子的基本形状

图 2-23　简单分子的几何形状及中心原子 A 上带有孤对电子时共价分子的基本形状

表 2 - 4 Xe 的系列化合物几何构型

VSEPR类型	非极性	极性	VSEPR类型	非极性	极性
AX₂	CO₂	N₂O	AX₄	CH₄	CH₃Cl
AX₂E		SO₂, O	AX₄E		SF₄
AX₂E₂		H₂O₃	AX₄E₂	XeF₄	
AX₂E₃	XeF₂, I₃⁻	BrIF⁻	AX₅	PCl₅	PCl₄F
AX₂E₄	未知	未知	AX₅E		IF₅
AX₃	BrF₃	COCl₂	AX₆	SF₆	
AX₃E	CH₄ CH₃Cl	NH₃			
AX₃E₂		ClF₃			

2.2.3 等电子原理

等电子原理是指两个或两个以上的分子或离子,它们的原子数目相同(有时基团中的氢原子不计入原子数,但计入电子数),分子中的电子数也相同(不仅是价电子,还包括内层电子),这些分子常具有相似的电子组态,相似的几何构型,在物理性质上也有许多相似之处。例如,CO 和 N_2 是等电子分子,表 2-5 中给出了它们的一些相似的物理性质。

表 2-5　CO 和 N_2 的物理性质

性　质	CO	N_2
熔点/K	68.1	63.0
沸点/K	81.6	77.4
气体密度/$(g \cdot cm^{-3})$	1.229	1.229
临界温度/K	132.9	126.2
临界压力/MPa	3.50	3.39
临界摩尔体积/$(cm^3 \cdot mol^{-1})$	93	90

CO_2、N_2O 和 NO_2^+ 是等电子分子,但是需要注意,N_2O 的分子构型是 $N^-\!=\!N^+\!=\!O$,N 原子处在分子中心,而不是 O 原子处在分子中心。NO_2^+ 的构型是 $O\!=\!N^+\!=\!O$,是直线型分子,它与 CO_2 相同,而与弯曲型的 NO_2^- 不同。

BO_3^{3-}、CO_3^{2-} 和 NO_3^- 都为平面三角形构型。

CH_4 和 NH_4^+、XeF_2 和 XeI_2^+、XeF_4 和 XeI_4^+、XeO_3 和 IO_3^-、XeO_6^{4-} 和 IO_6^{5-} 等均为等电子体,它们两两之间都具有相同的构型。利用等电子原理,可以预见一些化合物的构型,甚至可以预测一些化合物的性质。

2.4　分子轨道理论

价键理论的局限性使它无法解释为什么简单的 O_2 分子具有顺磁性,也不能解释为什么氢分子离子 H_2^+ 能够稳定存在。分子轨道理论(molecular orbital theory)将分子作为一个整体,用波动力学的方法解释分子的形成过程。分子轨道的定义:具有特定能量的某电子在相互键合的两个或多个原子核附近空间出现概率最大的区域。按照分子轨道概念,运动中的电子不只局限在自身的核外,而是绕相关成键原子核在更大范围内运动。按照这样的思路,共价键的形成应该归因于电子获得更大运动空间而导致能量的下降。

2.4.1　分子轨道理论基本要点

(1)分子中的电子围绕整个分子运动,其波函数称为分子轨道。分子轨道由原子轨道线性组合而成,组合前后轨道总数不变。若组合得到的分子轨道的能量比组合前的原子轨道能量低,所得分子轨道叫作"成键轨道"(bonding molecular orbital);反之叫作"反键轨道"(antibonding molecular orbital);若组合得到的分子轨道的能量与组合前的原子轨道能量没有明显差别,所得分子轨道就叫作"非键轨道"。如两个氢原子的 1s 轨道组合得到氢分子的两个分子轨道 Ψ_1 和 Ψ_2。其中,Ψ_1 的能量比 Ψ_{1s} 的能量低,为成键轨道,Ψ_2 的能量比 Ψ_{1s} 的能量高,为反键轨道。

$$\Psi_1 = \Psi_{1s} + \Psi_{1s}$$
$$\Psi_2 = \Psi_{1s} - \Psi_{1s}$$
原子轨道线性组合
形成分子轨道

(2)原子轨道有效组成分子轨道时,要遵守三条原则。

①能量相近原理:能量相近的原子轨道才能组合成分子轨道。例如,HF 中氢的 1s 轨道和氟的 2p 轨道能量相近,能够产生有效组合。

②最大重叠原理:原子轨道组合成分子轨道时,力求原子轨道的波函数图像最大限度地重叠。如 HF 中氟的 $2p_x$ 轨道顺着分子中原子核的连线向氢的 1s 轨道"头碰头"地靠拢而达到最大重叠。

③对称匹配原理:原子轨道必须具有相同的对称性才能组合成分子轨道。如 HF 分子中氢的 1s 轨道跟氟的 $2p_x$ 轨道是对称匹配的,而跟氟的 $2p_y$、$2p_z$ 是对称不匹配的。

键级＝1/2(成键轨道电子总数－反键轨道电子总数)

(3)电子在分子轨道中的填充与电子在原子轨道里的填充一样,要符合能量最低原理、泡利不相容原理和洪德定则。即电子填入分子轨道时服从先占据能量最低的轨道、每条分子轨道最多只能填入 2 个自旋相反的电子、分布到等价分子轨道时总是尽可能分占较多的轨道。

分子中成键轨道电子总数减去反键轨道电子总数再除以 2 得到的数叫作键级。键级越大,分子越稳定。键级可以是整数,也可以是分数,只要键级大于零,就可以得到不同稳定程度的分子。

思考:如何描述分子轨道核外电子的运动规律?

2.4.2 同核双原子分子轨道能级图

分子轨道中,能级较低的一条叫成键分子轨道,能级较高的一条叫反键分子轨道。在反键轨道的符号右上方常添加"﹡"标记,以与成键轨道区别。非键轨道用 n 表示,大致相当于分子中的原子原有的孤对电子轨道。成键轨道上的电子将核吸引在一起(注意图 2－24 中成键电子云密度主要分布在两核之间),反键轨道上的电子非但不提供这种吸引力(注意图2－24 中反键电子云密度主要分布在两核外侧),反而使两核相互排斥。下面以同核双原子分子轨道能级图为例进行分析。

当两个 s 原子轨道相互接近时,由两条 s 轨道组合得到能级不同、在空间占据的区域亦不同的两条分子轨道,见图 2-24,其中一条是成键分子轨道,标记为 σ_s,另外一条是反键分子轨道,标记为 σ^*。成键分子轨道能级低于原子轨道能级,而反键分子轨道能级高于原子轨道能级。

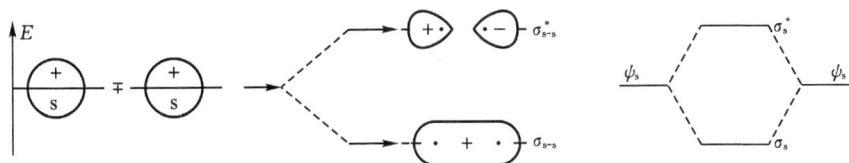

图 2-24 s 原子轨道参与成键形成 σ 分子轨道

例如,由两个 H 原子形成 H_2。当两个 H 原子的 1s 原子轨道相互接近时,两条 1s 轨道组合得到能级不同、在空间占据的区域亦不同的两条分子轨道,见图 2-25。H_2 分子的成键轨道和反键轨道分别叫 σ_{1s} 和 σ_{1s}^* 轨道。下标 1s 表示分子轨道由 1s 原子轨道组合而成。两条分子轨道可以排布 4 个电子,H_2 分子的 2 个电子优先填入 σ_{1s} 轨道而让 σ_{1s}^* 轨道空置。分子轨道法将 H_2 分子的电子排布写为 σ_{1s}^2,上标数字表示轨道中的电子数。H_2 分子成键电子数目(2 个)大于反键电子数目(0 个),键级为 1,H_2 分子能够稳定存在。同样的道理,可以得到 H_2^+、H_2、He_2^+ 等通过 σ 键形成分子的示意图(图 2-26)。

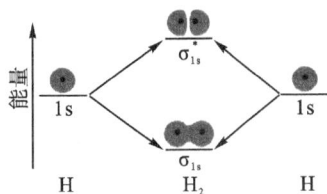

图 2-25 两个 H 原子
形成 H_2 分子

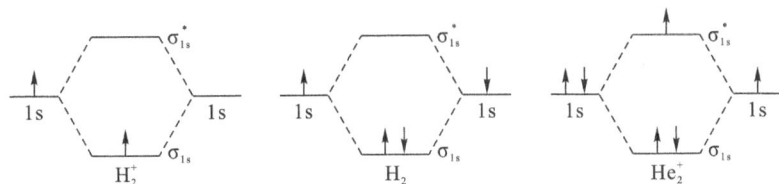

图 2-26 H_2^+、H_2、He_2^+ 的电子排布

在 H_2^+ 中,由一个 σ 电子占据成键轨道,称之为单电子 σ 键。H_2 由两个方向相反的 σ 电子占据成键轨道,形成正常的电子配对共价单键。在 He_2^+ 中,两个电子在成键轨道,一个电子在反键轨道,形成三电子 σ 键。

如果由 p 原子轨道形成分子轨道,可以形成 σ 分子轨道和 π 分子轨道。p-p 轨道组合形成 σ 分子轨道和 π 分子轨道的情形见示意图 2-27 与图 2-28。2 个原子各自的 3 条 p 轨道可以组合成 6 条分子轨道,其中 2 条为 σ 轨道(σ 和 σ^* 轨道各 1 条),4 条为 π 轨道(π 和 π^* 轨道各 2 条)。当 p 原子轨道平行组合形成 π 分子轨道时,电子占据 π 分子轨道形成 π 键。

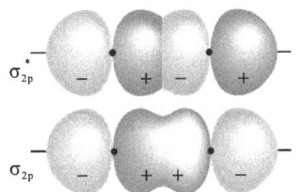

(a) p 原子轨道形成的 σ 轨道示意图

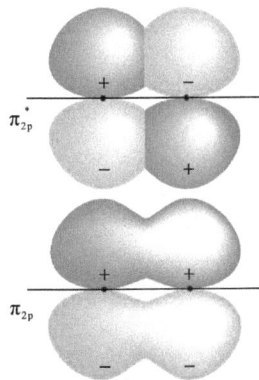

(b) p 原子轨道形成 π 轨道示意图

图 2-27 p 轨道成键示意图

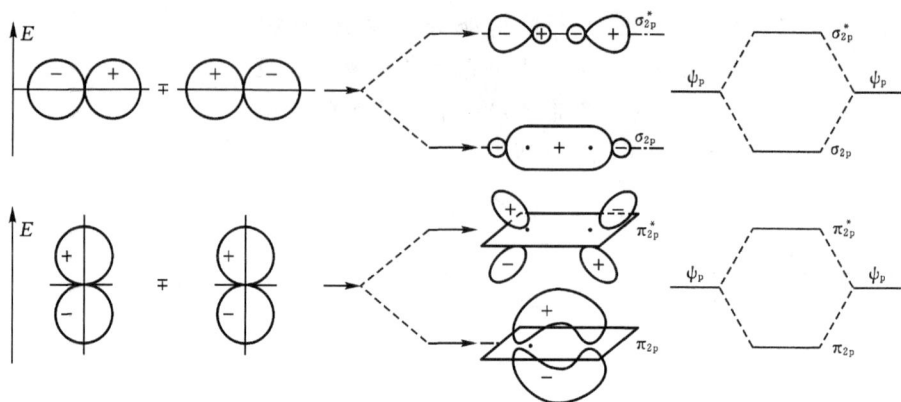

图 2-28 p 原子轨道参与成键形成 σ 轨道和 π 轨道

按照这样的形成方式,第二周期元素的双原子分子形成时,其原子轨道组合产生 8 条分子轨道,这些轨道的相对能级见图 2-29。一般预期 σ_{2p} 能级低于 π_{2p},因为 σ 键通常更稳定,见图 2-29(a) 的适合 O_2 和 F_2 分子的能级图,σ_{2p} 能级低于 π_{2p}。但有些分子中的 σ_{2p} 能级与 π_{2p} 能级十分接近,以致相互颠倒过来,π_{2p} 能级低于 σ_{2p}。实验结果表明,第二周期较轻的双原子分子(从 Li_2 至 N_2)的 π_{2p} 能级低于 σ_{2p},见图 2-29(b)。

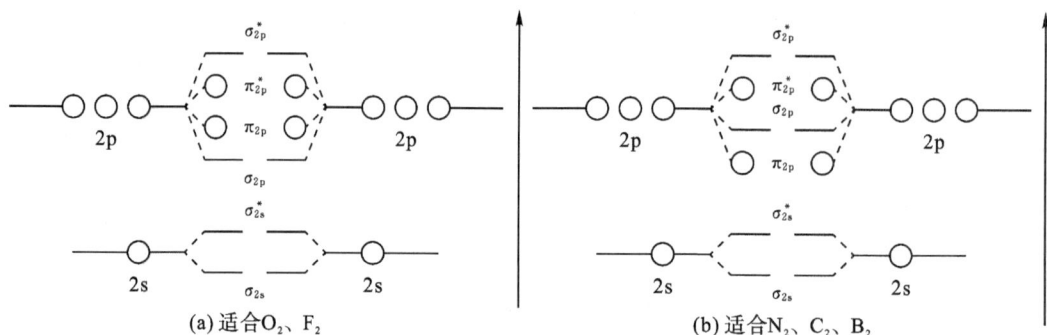

(a) 适合 O_2、F_2 (b) 适合 N_2、C_2、B_2

图 2-29 同核双原子分子轨道能级图

思考:形成两组同核双原子分子轨道能级图差异的原因是什么?

2.4.3 异核双原子分子轨道能级图

下面以 CO 的分子轨道能级为例说明。CO 分子的分子轨道主要是由碳原子和氧原子的价层原子轨道 2s 和 2p 按照对称性匹配原则线性组合而成,如图 2-30 所示。CO 分子的 10 个价电子(4 个来自碳原子,6 个来自氧原子)按照能量从低

到高分别填入 3σ、4σ、1π、5σ 分子轨道。

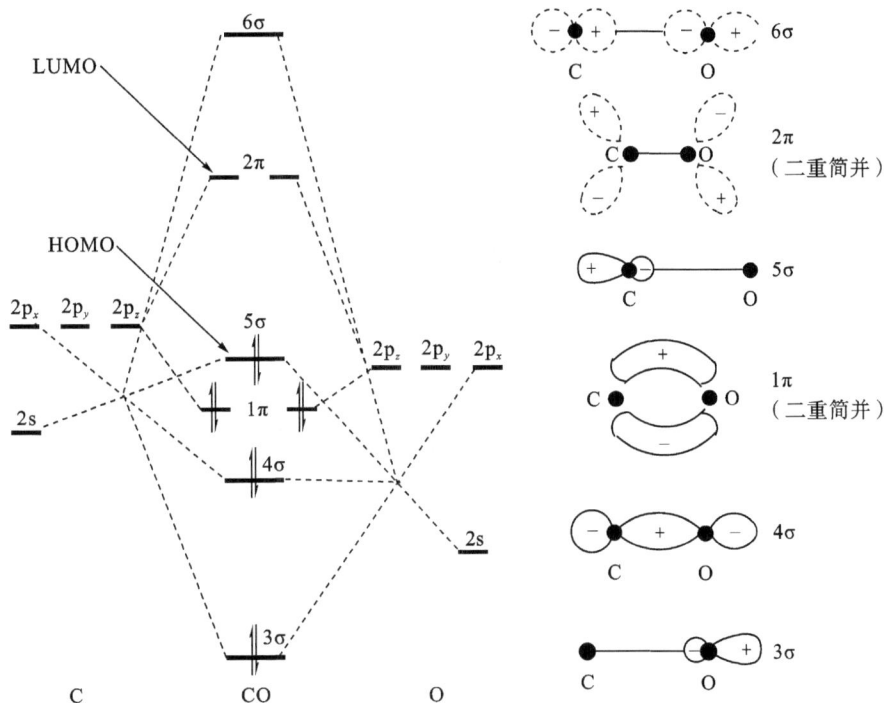

图 2-30　CO 分子轨道的能级示意图及电子云分布

2.4.4　分子轨道理论应用举例

下面以第二周期的 B_2、C_2、N_2 和 O_2 双原子分子为例,介绍分子轨道理论的应用。第二周期同核双原子分子轨道能级见图 2-31。

1. B_2 分子

B 原子的电子构型为 $1s^2 2s^2 2p^1$,两个 B 原子的 6 个价层电子填入分子轨道。其中 4 个电子填入 σ_{2s} 和 σ_{2s}^* 轨道,另外两个电子填入 π 轨道。受洪德定则支配,后两个电子应分别进入 π_{2p_y} 和 π_{2p_z} 轨道。

B_2 分子电子排布式为 $[(\sigma_{1s})^2 (\sigma_{1s}^*)^2 (\sigma_{2s})^2 (\sigma_{2s}^*)^2 (\pi_{2p_y})^1 (\pi_{2p_z})^1]$,或 $[KK(\sigma_{2s})^2 (\sigma_{2s}^*)^2 (\pi_{2p_y})^1 (\pi_{2p_z})^1]$,KK 表示两个 B 原子的 K 电子层(即 $1s^2$ 电子)。这些电子因处于内层,重叠很少,基本上保持原子轨道的状态,对成键无贡献。

B_2 分子的键级为 1(详见 2.7 节)。可以预言,B-B 间存在共价键,B_2 分子因有 2 个单电子应显示顺磁性。实验结果表明,两个预言都正确。B_2 分子顺磁性也是 π_{2p} 能级低于 σ_{2p} 的重要证据。如果 σ_{2p} 能级低于 π_{2p},最后两个电子将会成对填入 σ_{2p},从而使 B_2 分子显示反磁性。

2. C_2 分子

C 原子的电子构型为 $1s^2 2s^2 2p^2$，C_2 分子有 8 个价电子填入分子轨道，该分子可在高温或放电条件下检出。C_2 分子的电子排布式为 $[KK(\sigma_{2s})^2(\sigma_{2s}^*)^2(\pi_{2p_y})^2(\pi_{2p_z})^2]$，键级为 2。较高的键级说明 C_2 分子解离能比较高。由于全部电子都成对，因而 C_2 分子显示反磁性。

3. N_2 分子

N 原子的电子构型为 $1s^2 2s^2 2p^3$，N_2 分子的电子排布式为 $[KK(\sigma_{2s})^2(\sigma_{2s}^*)^2(\pi_{2p_y})^2(\pi_{2p_z})^2(\sigma_{2p})^2]$，$N_2$ 分子显示反磁性而且有很高的热力学稳定性。分子轨道中填有 8 个成键电子和 2 个反键电子，键级为 3，与路易斯结构式（:N≡N:）相一致。

Li$_2$	$1s^2 1s^2$	σ_{2s}^2						
Be$_2$	$1s^2 1s^2$	σ_{2s}^2	σ_{2s}^{*2}					
B$_2$	$1s^2 1s^2$	σ_{2s}^2	σ_{2s}^{*2}	$\pi_{2p_y}^1$	$\pi_{2p_x}^1$			
C$_2$	$1s^2 1s^2$	σ_{2s}^2	σ_{2s}^{*2}	$\pi_{2p_x}^2$	$\pi_{2p_z}^2$			
N$_2$	$1s^2 1s^2$	σ_{2s}^2	σ_{2s}^{*2}	$\pi_{2p_x}^2$	$\pi_{2p_z}^2$	$\sigma_{2p_x}^2$		
O$_2$	$1s^2 1s^2$	σ_{2s}^2	σ_{2s}^{*2}	$\sigma_{2p_x}^2$	$\pi_{2p_y}^2$	$\pi_{2p_z}^2$	$\pi_{2p_y}^{*1}$	$\pi_{2p_z}^{*1}$
F$_2$	$1s^2 1s^2$	σ_{2s}^2	σ_{2s}^{*2}	$\sigma_{2p_x}^2$	$\pi_{2p_y}^2$	$\pi_{2p_z}^2$	$\pi_{2p_y}^{*2}$	$\pi_{2p_z}^{*2}$
Ne$_2$	$1s^2 1s^2$	σ_{2s}^2	σ_{2s}^{*2}	$\sigma_{2p_x}^2$	$\pi_{2p_y}^2$	$\pi_{2p_z}^2$	$\pi_{2p_y}^{*2}$	$\pi_{2p_z}^{*2}$	$\sigma_{2p_x}^{*2}$

图 2-31 第二周期同核双原子分子轨道能级图

4. O_2 分子

O 原子的电子构型为 $1s^2 2s^2 2p^4$，O_2 分子中共计有 12 个价电子，其中前 10 个价电子按能级由低到高填至成键轨道 π_{2p}，再向上则是能级相同的 2 条反键轨道 π_{2p}^*，最后 2 个电子应该分别进入其中之一。所以，O_2 分子的电子排布式为 $[KK(\sigma_{2s})^2(\sigma_{2s}^*)^2(\sigma_{2p_x})^2(\pi_{2p_y})^2(\pi_{2p_z})^2(\pi_{2p_y}^*)^1(\pi_{2p_z}^*)^1]$。因为有成单电子，$O_2$ 分子具有顺磁性。分子轨道理论取得的最大成功之一是解释了 O_2 分子顺磁性的实验事实。在目前已有的几种化学键理论中，只有分子轨道理论能做到这一点。

图 2-32 中，两个原子两侧的 4 个小黑点代表 σ_{2s}^2 和 σ_{2s}^{*2} 上的 4 个非键电子；两原子间的横杠表示 $\sigma_{2p_x}^2$ 二电子 σ 键；横杠上方和下方各 3 个小黑点表示 2 个三电子键，一个对应于 $2p_y$ 原子轨道组合而成的 2 条分子轨道（$\pi_{2p_y}^2$ 和 $\pi_{2p_y}^{*1}$）上的 3 个电子，另一个则对应于 $2p_z$ 原子轨道组合而成的 2 条分子轨道

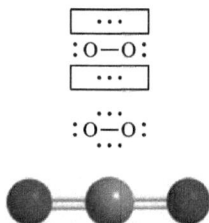

图 2-32 分子轨道理论表示的 O_2

($\pi_{2p_z}^2$ 和 $\pi_{2p_z}^{*1}$)上的 3 个电子。由于这 6 个电子都是 π 轨道上的电子,因而该键又叫三电子 π 键。三电子 π 键的形成合理地解释了 O_2 分子所表现的顺磁性。分子轨道理论还能解释 O_2 分子和 2 个氧分子离子(O_2^+,O_2^-)中键的相对解离能和键长。根据电子排布算得 O_2 分子的键级为 2(两个三电子 π 键的键级各为 1/2)。在 O_2 的最高占有轨道 $\pi_{2p_y}^*$ 上移去或填入一个电子则得 O_2^+ 和 O_2^- 两个氧分子离子的电子构型,它们的键级分别为 2.5 和 1.5。一般说来,键长随键级的增大而减小,键的解离能则随键级的增大而增大。所以,稳定性为 $O_2^+ > O_2 > O_2^-$。

2.5 共轭分子中的离域 π 键

2.5.1 共轭分子及其形成条件

具有离域 π 键,或具有共轭结构的分子称为共轭分子。离域 π 键的形成大部分可由经典结构式中有单双键交替连接的那一部分原子组成。离域 π 键也称为大 π 键,见图 2-33 的示例。一般来说,满足下列条件可能形成离域 π 键。

(1)原子共平面,每个原子可提供一个方向相同的 p 轨道。这样,多个原子上相互平行的 m 个 p 轨道上的 n 个 p 电子连贯重叠在一起成键,这些 p 电子在这个整体内运动。通常,参与成键的原子应在一个平面上,而且每个原子都能提供 1 个相互平行的 p 轨道。

(2)π 电子数少于参加成键的 p 轨道数的 2 倍。

前一条件是方向相同的 p 轨道能肩并肩地进行叠加,如果参加的原子数限于 2 个,则形成定域 π 键或者一般的 π 键。如果参加的原子数目≥3,则形成离域 π 键,也称大 π 键或共轭 π 键。后一条件是使成键电子的数目多于反键电子数目,产生净的成键效应。

大 π 键表示方法如下:

$$\pi_m^n$$

其中,m 为原子数目,n 为电子数。例如 CO_2 分子的几何构型中,C 原子经 sp 杂化与 2 个 O 形成直线构型,C 原子剩余 2 个未成对 p 电子(p_y,p_z),每个氧原子剩余 1 个未成对 p 电子(其中一个氧原子的未成对电子在上下,一个在前后)。于是由一个氧原子提供的一个未成对 p 电子与碳原子提供的 1 个未成对 p 电子,以及另一个氧原子提供的一对孤对 p 电子,形成了一个由 3 个中心原子提供 4 个电子形成的离域 π 键,用 π_3^4 表示,如图 2-34 所示。N_2O 与 CO_2 为等电子体,也有类似的结构。

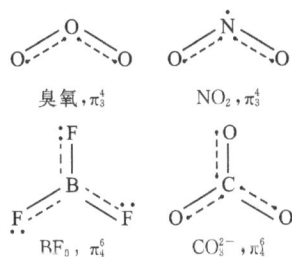

图 2-33 几个分子和离子的离域 π 键

臭氧,π_3^4 　　NO$_2^-$,π_3^4

BF$_3$,π_4^6 　　CO$_3^{2-}$,π_4^6

图 2-34 CO_2 分子直线型的构型与离域键

思考：形成离域 π 键的条件是什么？

2.5.2 共轭效应

分子中如果存在离域 π 键，会表现出若干特殊的物理化学性质。具体表现在以下几点。

（1）参加形成离域 π 键的原子区域共平面。

（2）键长均匀化。也就是按经典的方法写出单双键交替排列的结构式时，单键要比典型的值短，双线要比典型的值长。但是在苯分子中，6 个 C—C 键的键长相等，分不出单键和双键的差别。

（3）具有特定的化学性能。如丁二烯倾向于 1,4 加成，苯分子取代反应比加成反应容易进行，具有特殊的吸收光谱和电性，等等。这些性质和离域 π 键中电荷的分布、分子轨道能级的间隔等均有密切关系，统称为共轭效应。

共轭效应是化学中的基本效应，它对物质的许多性质均有影响。离域键产生的"离域能"会增加分子的稳定性，影响物质的理化性质。同学们将在后续的有机化学课程中详细学习，这里只简单介绍一些性质。

（1）离域 π 键的形成提高了物质的导电性能。石磨具有金属光泽、能导电，应该归因于分子中存在离域 π 键。

（2）离域 π 键的形成增大了 π 电子的离域范围，使体系能量降低，能级间隔变小，电子吸收光谱的吸收峰由 σ 键的紫外区移至离域 π 键的可见光区。许多染料呈现的颜色源于离域 π 键的形成。酚酞指示剂在碱液中变成红色，是因为在碱性溶液中增大了 π 键的离域范围。

（3）离域 π 键的形成影响了化合物的酸碱性。苯酚显酸性、苯胺显碱性、羧酸显酸性、酰胺显碱性，这些都与离域 π 键的生成与否有关。

（4）离域 π 键的存在影响了物质的化学性质。芳香化合物的芳香性、游离基的稳定性、氯乙烯中 Cl 活泼性的降低等均和共轭效应有关。

2.6 多中心缺电子键

原子簇化学，是当前化学研究中极其活跃的领域，硼烷和富勒烯就是其中的活跃对象。原子簇（cluster）一词最早由科顿（F. A. Cotton）于 1966 年提出。它有多种定义，比较全面的是 1982 年由徐光宪、江元生等人提出的定义：凡以 3 个或 3 个以上原子直接键合构成的多面体或笼为核心，连接外围原子或基团而形成的结构单元称为原子簇。随着研究的深入,大量新的原子簇化合物不断出现,对各类化合物电子结构和几何结构的认识亦日趋系统化,原子簇化合物的概念也在不断扩展和广义化。人们把那些原子间没有直接键合而是通过桥联原子结合在一起的配位化合物,如多核过渡金属、非过渡金属及同时含有过渡金属和非过渡金属的化合物也称为簇合物。也就是说,原子簇化合物和多核配合物在概念上有一定的交叉。综上所述,原子簇化合物具有多面体或缺顶点多面体结构,且电子结构特征均为非定域化多中心键的分立结构单元或立体构型。

原子簇化合物因其独特的合成方法、化学性质、构型和成键方式,以及特殊的催化性质、生物活性和超导性质,引起了人们越来越多的重视。值得一提的是,1985 年富勒烯碳原子簇分子 C_{60} 的发现开辟了一个全新的研究领域,并影响着化学、物理学、生物学、材料科学、医学等学科。

2.6.1　硼烷的多中心缺电子键

硼烷(borane)又称硼氢化合物,是硼与氢组成的化合物的总称,具有特殊的缺电子性质。硼烷的开创性工作可以追溯到 1912 年斯托克(A. Stock)及其合作者的合成工作。硼烷及其衍生物被认为是连接有机化学、无机化学乃至金属化学的桥梁,成为无机化学重要研究领域之一。

硼烷的电子结构具有"缺电子"的特征。所谓"缺电子"是指在此类分子中缺乏足够的价电子以满足所有相邻原子间双中心双电子键(简称 2c-2e)的键合形式,即对于有 m 个原子的体系,若形成 $m-1$ 个 2c-2e 键,需要 $2(m-1)$ 个电子来连接,而缺电子化合物中的价电子数少于 $2(m-1)$。如 B_2H_6 分子中,每个 B 原子提供 3 个价电子,H 提供 1 个电子,总价电子数为 12,少于 $2\times(8-1)=14$,因此它是缺电子化合物。

最简单的硼烷 B_2H_6 有两类氢:端基氢和桥氢。端基氢化学性质较为稳定,而桥氢比较活泼,呈一定的酸性。一般认为 B 原子的 4 个价轨道采取不等性 sp^3 杂化,生成 4 个杂化轨道,其中 2 个杂化轨道与 2 个端氢原子以 2c-2e 键键合,这样 B 的 3 个价电子用去 2 个,还剩 1 个电子与余下的 2 个杂化轨道可进一步成键。这 2 个杂化轨道与 BH_2 平面是互相垂直的,当两个 BH_2 单元彼此靠近时,它们将与另外 2 个 H 生成 2 个 B—H—B 键。每个 B—H—B 键上有 2 个电子,这种三中心两电子键(简称 3c-2e)称为桥氢键,其电子密度集中在 B—H—B 曲线上(图 2-35)。

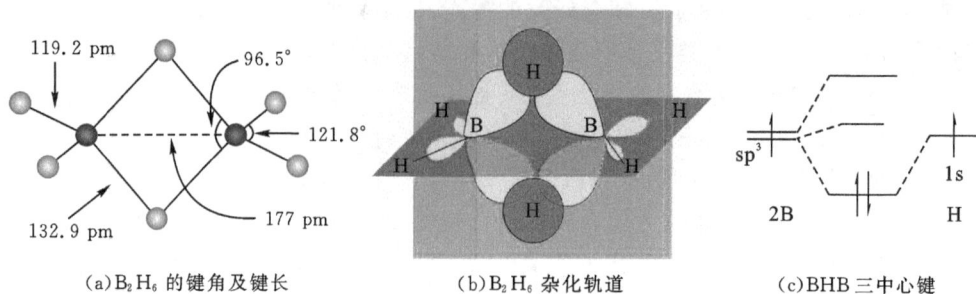

(a)B_2H_6 的键角及键长　　　　(b)B_2H_6 杂化轨道　　　　(c)BHB 三中心键

图 2-35　B_2H_2 的键角、键长、杂化轨道及 BHB 三中心键

韦德(K. Wade)估计单个 B—H 键键能为 375 kJ·mol^{-1},而 B—H—B 键键能为 450 kJ·mol^{-1},低于单个 B—H 键键能的 2 倍,且桥氢键键长(132.9 pm)大于 B—H 键键长(119.2 pm),因此,三中心桥氢键应比 B—H 端基外向单键弱,容易被路易斯碱裂解。

3 个硼原子还可以形成 BBB 三中心键,3 个 B 原子各一个轨道组合,形成 1 个成键轨道和 2 个反键轨道(图 2-36)。以 $B_6H_6^{2-}$ 阴离子为例,其结构中有 6 个 B—H 键,3 个 B—B 双中心键和 4 个 BBB 三中心键,容纳了总共 26 个价电子。对于更复杂的原子簇化合物,还可能需要五中心键甚至更多中心的键才能做出合理解释。

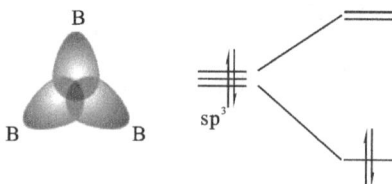

图 2-36　B—B—B 三中心键

2.6.2　*styx* 数分析法与分子轨道

1. *styx* 数分析法

对于高元硼烷 B_nH_{n+m},利普斯科姆(W. N. Lipscomb)等人设计了一种解析硼烷及碳硼烷键合方式的方法——*styx* 数分析法。这种把成键价电子分配到双中心和三中心键上的方法,主要是假定这些键把 n 个骨架硼原子和 m 个非外向氢原子合理地联系起来,推测分子结构及特征基团的分布情况。

首先,利普斯科姆提出硼烷中的 B 原子与 H 原子,以及 B 原子之间的定域键有如下 5 种形式:

(1)非端基或外向 B—H 键　　**B—H**　　2c‐2e　　x

(2)桥 B—H—B 键　　$\overset{\text{H}}{\overset{\frown}{\text{B}\quad\text{B}}}$　　3c‐2e　　s

(3)B—B 键　　**B—B**　　2c‐2e　　y

(4)开式 B—B—B 键　　$\overset{\text{B}}{\overset{\frown}{\text{B}\quad\text{B}}}$　　3c‐2e　　t

(5)封闭式 B—B—B 键　　$\overset{\text{B}}{\underset{\text{B}\quad\text{B}}{\wedge}}$　　3c‐2e　　t

其中,s、t、y、x 为键数。注意,对于一个$(BH)_n H_m$ 分子,x 不包括$(BH)_n$ 的硼氢键。对于不同类型键数 s、t、y、x 和化学式 $(BH)_n H_m$ 的 n、m 数之间有以下三种关系式:

(1)如果硼烷中 n 个 B 原子和相邻的原子都形成 2c‐2e 键,则缺 n 个电子,但形成 n 条 3c‐2e 键后则硼烷键合的"缺电子"问题就可以解决,所以三中心两电子键之和等于分子中 B 的原子数:

$$\text{三中心键平衡式}\quad n=s+t$$

(2)m 个非外向氢包括桥氢和额外的端基 B—H 键的氢(桥氢为 s,除$(BH)_n$ 外的端基 B—H 键、切向 B—H 键为 x)。所以额外 H 的数目等于桥氢键和端基 B—H 键之和:

$$\text{额外氢平衡式}\quad m=s+x$$

(3)由于位于多面体顶点的 n 个 BH 单元对硼烷分子骨架提供 n 对电子,m 个额外氢提供 $m/2$ 对电子,所以硼烷分子骨架中所有的电子对数必然与四种键的总数 $s+t+y+x$ 相等:

硼烷分子骨架电子对平衡式

$$n+m/2=s+t+y+x$$

或
$$n-m/2=t+y$$

对于一个给定的中性硼烷 $B_n H_{n+m}$,上述方程组由 3 个方程、4 个未知数组成,其解不是唯一的,可使用试验法求出。

$styx$ 数分析法实际上是一种拓扑分析法,它将分子平摊在一个平面上,仅关心硼烷中硼氢原子之间通过化学键相互键联的形式,不考虑键长、键角等几何参数。其成功之处在于指出了已知结构的硼烷中的电子或化学键分配方式,但不能预测骨架原子的三维排布。该方法只适用于解释非封闭型硼烷的结构,而不适合分析封闭式硼烷结构。

例 2‐5　分析戊硼烷-9($B_5 H_9$)分子结构的成键情况。

解:$B_5 H_9$ 的 $styx$ 表示为 4120。其中,s 为 BHB 键个数;t 为 BBB 键个数;y 为 B—B 键个数;x 为 B—H 键个数。对应的拓扑图像如图 2‐37 所示。

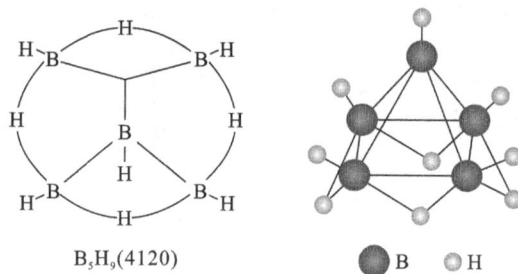

图 2-37 B_5H_9 的 *styx* 值及拓扑结构

* 2.硼烷成键的分子轨道解释

鉴于 *styx* 数分析法解释封闭式硼烷的局限性,这里介绍另外一种解释硼烷成键的方法——分子轨道法,下面以封闭式-己硼烷阴离子 $B_6H_6^{2-}$ 为例进行介绍(图 2-38)。

己硼烷阴离子具有八面体的封闭式结构,每个顶点上的 B 原子,用它的 $2p_z$ 轨道与 $2s$ 轨道进行杂化,生成 2 条 sp_z 杂化轨道,属于 σ 型原子轨道(AO)。其中,朝向外面的一条 sp_z 杂化轨道与 H 的 $1s$ 轨道重叠生成外向型的 B—H 键,剩下一条朝向内部的 sp_z 杂化轨道可用于参与骨架成键;在 B 上还有 2 条未参与杂化的轨道,它们是处在与 sp_z 杂化轨道垂直的平面上并与假想的多面体成切线的 p_x 和 p_y AO,这两条 π 轨道也可用于参与形成骨架。

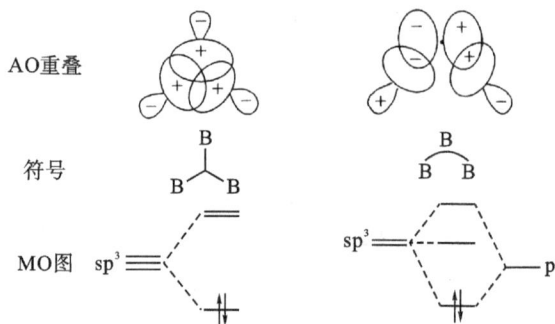

图 2-38 BBB 三中心键的分子轨道

这样一来,6 个 B 共有 6 条 σ 型 sp_z 杂化 AO 和 12 条 π 型 AO,共 18 条 AO 轨道可用于参与骨架成键。6 条 σ 型 AO 可组成 6 条分子轨道(MO),这 6 条 MO 按对称性可以分为 3 组:单重的 a_{1g}(强成键),三重的 t_{1u}^*(反键)和二重的 e_g^*(强反键)。12 条 π 型 AO 则组成 4 组 π MO:t_{2g}、t_{1u}、t_{2u}^*、t_{1g}^*(均为三重简并。其中 t_{2g}、t_{1u} 为成键,t_{2u}^*、t_{1g}^* 为反键)。由 π AO 组成的 t_{1u} 与由 σ AO 组成的 t_{1u}^* 具有相同的对称性,它们的相互作

用引起 σ 和 π 轨道的混合，从而使 $t_{1u}(\pi/\sigma^*)$ 能级降低，t_{1u}^* (σ^*/π)能级升高。

$B_6H_6^{2-}$ 总共有 26 个价电子，其中 6 个端基 B—H 键用去 12 个电子，剩下 14 个电子全部用于骨架成键，价电子构型为 $(a_{1g})^2(t_{2g})^6(t_{1u})^6$，有 7(即 6+1)对骨架键对，由于所有骨架电子都进入成键轨道且高度离域，最高占有轨道 t_{1u} 与最低未占有轨道 t_{1u}^* 能级又相差较大，所以 $B_6H_6^{2-}$ 在热力学和动力学上都较稳定。

由于 $B_6H_6^{2-}$ 阴离子骨架电子的离域性，所以推断它们的性质会与芳烃相似，即它们也具有一定的"芳香性"。

思考：$B_6H_6^{2-}$ 阴离子骨架电子的离域性与离域 π 键有什么不同？

2.7　共价键的键参数

共价键的性质可以通过称为键参数（bond parameters）的某些物理量来描述，如键级、键能、键长、键角和键矩等。

2.7.1　键级

分子轨道理论提出了键级的概念，它的定义式是

$$键级 = \frac{1}{2}(成键轨道中的电子数 - 反键轨道中的电子数)$$

例如，H_2、O_2、HF 和 CO 的键级分别为 1、2、1 和 3。与组成分子的原子系统相比，成键轨道中电子数目愈多，使分子体系的能量降低得愈多，增加了分子的稳定性；反之，反键轨道中电子数目的增多则削弱了分子的稳定性。所以键级愈大，分子也愈稳定。

上述键级的计算公式仅对简单分子适用，对于复杂分子，分子轨道理论对键级的计算也有相应的方法。

2.7.2　键能

原子间形成的共价键的强度可用键断裂时所需的能量大小来衡量。在双原子分子中，于 100 kPa 下按下列化学反应计量式使气态分子断裂成气态原子所需要的能量叫作键解离能（D），即

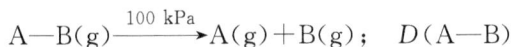

$$A—B(g) \xrightarrow{100\ kPa} A(g) + B(g); \quad D(A—B)$$

例如，在 298.15 K 时，$D(H—Cl) = 432$ kJ $\cdot$ mol^{-1}，$D(Cl—Cl) = 243$ kJ $\cdot$ mol^{-1}。

在多原子分子中断裂气态分子中的某一个键形成两个"碎片"时,所需的能量叫作分子中这个键的解离能。例如:

$$HOCl(g) \longrightarrow H(g) + OCl(g); \quad D(H-OCl) = 326 \text{ kJ} \cdot \text{mol}^{-1}$$

$$HOCl(g) \longrightarrow Cl(g) + OH(g); \quad D(Cl-OH) = 251 \text{ kJ} \cdot \text{mol}^{-1}$$

$$H_2O(g) \longrightarrow H(g) + OH(g); \quad D(H-OH) = 499 \text{ kJ} \cdot \text{mol}^{-1}$$

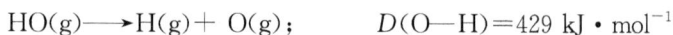

$$HO(g) \longrightarrow H(g) + O(g); \quad D(O-H) = 429 \text{ kJ} \cdot \text{mol}^{-1}$$

使气态的多原子分子的键全部断裂、形成此分子的各组成元素的气态原子时所需的能量,叫作该分子的原子化能 E_{atm}。例如:

$$HOCl(g) \longrightarrow H(g) + Cl(g) + O(g)$$

$$E_{atm}(HOCl) = D(Cl-OH) + D(O-H) = 680 \text{ kJ} \cdot \text{mol}^{-1}$$

但 $E_{atm}(HOCl)$ 不等于 $D(Cl-OH)$ 与 $D(H-OCl)$ 之和。同理,

$$H_2O(g) \longrightarrow 2H(g) + O(g)$$

$$E_{atm}(H_2O) = D(H-OH) + D(O-H) = 928 \text{ kJ} \cdot \text{mol}^{-1}$$

此值不等于 $D(H-OH)$ 的 2 倍。

至于单质的原子化能,则是由参考状态的单质在标准状态下生成气态原子所需要的能量。

例如,金属钠在 298.15 K 时,$E_{atm} = 107.32 \text{ kJ} \cdot \text{mol}^{-1}$。

对硫单质而言,其指定单质正交晶体为 8 个硫原子组成的环形 S_8 分子。已知:

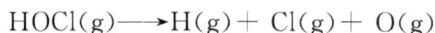

$$S_8(s) \longrightarrow 8S(g)$$

$$E_{atm}(S) = \frac{2230.44}{8} \text{kJ} \cdot \text{mol}^{-1} = 278.805 \text{ kJ} \cdot \text{mol}^{-1}$$

同理

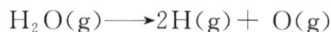

$$E_{atm}(H) = \frac{436}{2} \text{kJ} \cdot \text{mol}^{-1} = 218 \text{ kJ} \cdot \text{mol}^{-1}$$

通常所说的原子化能,往往是原子化焓,两者相差很小。

所谓键能,通常是指在标准状态下气态分子拆为气态原子时,每种键所需能量的平均值。对双原子分子来说,键能就是键的解离能。例如,298.15 K 时,$E(H-H) = D(H-H) = 436 \text{ kJ} \cdot \text{mol}^{-1}$。而对于多原子分子来说,键能和键的解离能是不同的。例如,H_2O 含 2 个 O—H 键,每个键的解离能不同,但 O—H 键的键能应是两个解离能的平均值,或者说是原子化能的一半:

$$E(O-H) = \frac{1}{2}(499 + 429) \text{kJ} \cdot \text{mol}^{-1} = 464 \text{ kJ} \cdot \text{mol}^{-1}$$

综上所述,键解离能指的是解离分子中某一种特定键所需的能量,而键能指的是某种键的平均能量,键能与原子化能的关系则是气态分子的原子化能等于全部键能之和。

键能是热力学的一部分,在化学反应中,键的破坏或形成都涉及系统热力学能的变化;但若反应中的体积功很小,甚至可忽略时,常用焓变近似地表示热力学能的变化。有关化学键能见表 2－6。

在气相中键断开时的标准摩尔焓变称为键焓,以 $\Delta_B H_m^{\ominus}$ 表示。键焓与键能近似相等,实验测定中常常得到的是键焓数据。例如:

$$\Delta_B H_m^{\ominus}(H\text{—}H)=E(H\text{—}H)=436 \text{ kJ} \cdot \text{mol}^{-1}$$

$$\Delta_B H_m^{\ominus}(C\text{—}H)=E(C\text{—}H)=D(C\text{—}H)=414 \text{ kJ} \cdot \text{mol}^{-1}$$

借助赫斯(Hess)定律,利用键能数据可以估算气相反应的标准摩尔焓变。因为化学反应的实质,是反应物中化学键的断裂和生成物中化学键的形成。断开化学键要吸热,形成化学键要放热。通过分析反应过程中化学键的断裂和形成,应用键能的数据,可以估算化学反应的焓变。

例 2－6　利用键能估算氨氧化反应的焓变 $\Delta_r H_m^{\ominus}$:

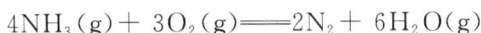

$$4NH_3(g)+ 3O_2(g)\Longrightarrow 2N_2+ 6H_2O(g)$$

解:由上述反应方程式可知:

反应过程中断裂的键有 12 个 N—H 键,3 个 $O\overset{\cdots}{\underset{\cdots}{=}}O$ 键;形成的键有 2 个 N≡N 键,12 个 O—H 键。

$$E(N\text{—}H)=389 \text{ kJ} \cdot \text{mol}^{-1}, E(O\overset{\cdots}{\underset{\cdots}{=}}O)=498 \text{ kJ} \cdot \text{mol}^{-1},$$

$$E(N≡N)=946 \text{ kJ} \cdot \text{mol}^{-1}, E(O\text{—}H)=464 \text{ kJ} \cdot \text{mol}^{-1},$$

$$\begin{aligned}
\Delta_r H_m^{\ominus} &=[12\times E(N\text{—}H)+3\times E(O\overset{\cdots}{\underset{\cdots}{=}}O)]\\
&\quad -[2\times E(N≡N)+12E(O\text{—}H)]\\
&=[12\times389+3\times498]\text{kJ} \cdot \text{mol}^{-1}\\
&\quad -[2\times946+12\times464]\text{kJ} \cdot \text{mol}^{-1}\\
&=-1298 \text{ kJ} \cdot \text{mol}^{-1}
\end{aligned}$$

由键能估算反应焓变值有一定实用价值。但是,由于反应物和生成物的状态未必能满足定义键能时的反应条件,所以,由键能求得的反应的焓变值尚不能完全取代精确的热力学计算和反应热的测量。

2.7.3　键长

分子中两个原子核间的平衡距离称为键长,见图 2－39。

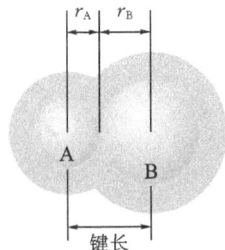

图 2－39　化学键的键长

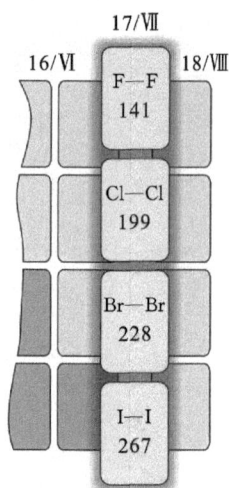

图 2-40 卤素分子化学键长

例如,H_2 分子中 2 个 H 原子的核间距为 74 pm,所以 H—H 键长就是 74 pm。键长和键能都是共价键的重要性质,可由实验(主要是分子光谱或热化学实验)测知。卤素分子化学键长见图 2-40。

表 2-6 列出了一些共价键的键长和键能数据。H—F、H—Cl、H—Br、H—I 键长依次递增,而键能依次递减(F_2、Cl_2、Br_2、I_2 也如此);单键、双键及三键的键长依次缩短,键能依次增大,但双键、三键的键长与单键的相比并非 2 倍、3 倍的关系。

表 2-6　一些共价键的键长和键能

共价键	键长 l/pm	键能 $E/(kJ \cdot mol^{-1})$	共价键	键长 l/pm	键能 $E/(kJ \cdot mol^{-1})$
H—H	74	436	C—C	154	346
H—F	92	570	C=C	134	602
H—Cl	127	432	C≡C	120	835
H—Br	141	366	N—N	145	159
H—I	161	298	N≡N	110	946
F—F	141	159	C—H	109	414
Cl—Cl	199	243	N—H	101	389
Br—Br	228	193	O—H	96	464
I—I	267	151	S—H	134	368

2.7.4　键角

键角与键长是反映分子空间构型的重要参数,如 H_2O 分子中 2 个 O—H 键之间的夹角是 104.5°,这就决定了 H_2O 分子是 V 形结构。键长与键角主要是通过实验技术测定,其中最主要的手段是通过 X 射线衍射测定单晶体的结构,同时给出形成单晶体分子的键长和键角的数据。

2.7.5　键矩与部分电荷

键矩的概念类似于力矩。当分子中共用电子对偏向成键两原子的一方时,键具有极性,如在 HCl 中共用电子对偏向电负性较大的 Cl 一方形成极性共价键,其中 H 为正端,Cl 为负端,可以用 $\overset{+\delta}{H}$—$\overset{-\delta}{Cl}$ 来表示。键的极性的大小可用键矩来衡量,定义为:键矩 $\mu = q \cdot l$。式中 q 为电荷量,l 通常取两原子的核间距(即键长),如 $l(\text{HCl})=127$ pm,μ 的单位为 C·m。键矩与偶极矩的单位相同,键矩是对化学键而言的,偶极矩则是针对分子而言。对于双原子分子,键矩与偶极矩相等。键矩是矢量,其方向是从正指向负,其值可由实验测得,如 HCl 键矩经测得 $\mu=3.57\times10^{-30}$ C·m,由此计算出:

$$q=\frac{\mu}{l}=\frac{3.57\times10^{-30}\ \text{C}\cdot\text{m}}{127\times10^{-12}\ \text{m}}=28.1\times10^{-21}\ \text{C}$$

相当于 0.18 元电荷(将 q 值除以 1.602×10^{-19} C 的结果),即 $\delta=0.18$ 元电荷:

$$\overset{\delta_{\text{H}}=0.18}{\text{H}}\quad-\quad\overset{\delta_{\text{Cl}}=-0.18}{\text{Cl}}$$

也就是说,H—Cl 键具有 18% 的离子性。

这里的 δ 通常称为部分电荷。原子的部分电荷大小与成键原子间的电负性差有关,δ 值可借助电负性分数来计算:

部分电荷=某原子的价电子数-孤对电子数

-共用电子数×电负性分数

如果成键原子分别为 A 和 B,其电负性分别为 χ_a 和 χ_b,则 A 原子的电负性分数为 $\chi_a/(\chi_a+\chi_b)$。已知 H 和 Cl 的电负性分别为 2.18 和 3.16,HCl 分子中,H 原子和 Cl 原子的部分电荷计算如下:

$$\delta_{\text{H}}=1-0-2\times\left(\frac{2.18}{2.18+3.16}\right)=0.18$$

$$\delta_{\text{Cl}}=7-6-2\times\left(\frac{3.16}{3.16+2.18}\right)=-0.18$$

2.8　分子间作用力及其对性质的影响

2.8.1　分子的对称性与极性

分子与分子之间,某些较大分子的基团之间,或小分子与大分子内的基团之间,还存在着各种各样的作用力,总称分子间作用力。分子间作用力又称为范德瓦耳斯力(van der Waals forces)。由于分子间作用力比化学键弱得多(化学键的键能数量级达 $10^2\sim10^3$ kJ/mol,而分子间作用力的能量只达几至几十 kJ/mol 的数量级),所以分子晶体的熔点、沸点往往比较低。

分子间作用力是除共价键、离子键和金属键外基团间和分子间相互作用力的总称。它主要包括离子或荷电基团、偶极子、诱导偶极子等之间的相互作用力,氢键力,疏水基团相互作用力及非键电子排斥力等。表 2 - 7 给出一些分子作用能与距离的关系。

分子间作用力与分子的极性有关。分子的极性不但取决于分子中键的极性,而且取决于分子的几何形状。怎样用简单而又严格的方法表示分子的形状、预见分子的性质?其中最重要的一种方法就是利用分子的对称性。对称的字面意思是指一个物体包含若干等同部分,这些部分相对(对应、对等)而又相称(适合、相当)。它们能经过不改变内部任何两点间距离的对称操作复原。通常所说的对称分子、不对称分子就是由此而来。

分子的极性与偶极矩(dipole moment,记为 μ)有关。偶极矩是表示分子中电荷分布状况的物理量,定义为正、负电荷重心间的距离 r 与电荷量 q 的乘积。

$$\boldsymbol{\mu} = q\boldsymbol{r}$$

偶极矩是个矢量。正、负电荷的重心重合时分子的偶极矩为零(非极性分子);正、负电荷的重心不重合时分子的偶极矩不为零(极性分子)。

如 H_2O 分子和 NH_3 分子的偶极矩之和都不为零,为极性分子,其固有的偶极叫永久偶极(permanent dipole),非极性分子在极性分子诱导下产生的偶极被称为诱导偶极(induced dipole)。由不断运动的电子和不停振动的原子核在某一瞬间的相对位移造成分子正、负电荷重心分离引起的偶极叫瞬间偶极(instantaneous dipole)。

表 2 - 7 一些分子作用能与距离的关系

作用力类型	能量与距离的关系
荷电基团静电作用	$1/r$
离子-偶极子	$1/r^2$
离子-诱导偶极子	$1/r^4$
偶极子-偶极子	$1/r^6$
偶极子-诱导偶极子	$1/r^6$
诱导偶极子-诱导偶极子	$1/r^6$
非键推斥	$1/r^9 \sim 1/r^{12}$

2.8.2 分子间作用力

范德瓦耳斯力是三种不同来源的作用力——取向力、诱导力和色散力的合力。

1. 取向力

取向力产生于极性分子之间。极性分子是一种偶极子，两个极性分子相互靠近时，根据同极相斥、异极相吸原理使分子按一定取向排列，导致系统处于一种比较稳定的状态。偶极-偶极作用力（dipole-dipole force）是指极性分子与极性分子的永久偶极间的静电引力[图 2 - 41（a）]。这种作用力的大小与分子的偶极矩直接相关。取向力只有极性分子与极性分子之间才存在。分子偶极矩越大，取向力越大。

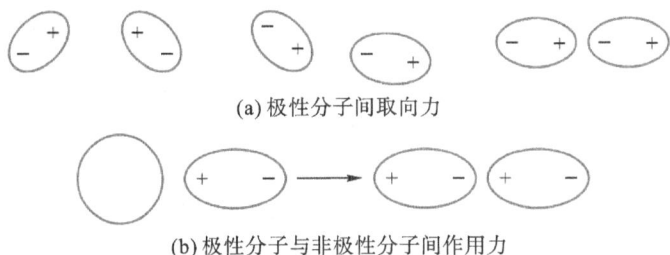

(a) 极性分子间取向力

(b) 极性分子与非极性分子间作用力

图 2 - 41　分子间作用力

2. 诱导力

在极性分子的固有偶极诱导下，临近它的分子会产生诱导偶极，分子间的诱导偶极与固有偶极之间的电性引力称为诱导力[图 2 - 41（b）]。

诱导偶极矩的大小由固有偶极的偶极矩大小和分子变形性的大小决定。极化率越大，分子越容易变形，在同一固有偶极作用下产生的诱导偶极矩就越大。

3. 色散力

色散力（dispersion force）是分子的瞬间偶极与瞬间诱导偶极之间的作用力[图 2 - 41（b）]，也叫伦敦力（London force）。通常情况下非极性分子的正电荷重心与负电荷重心重合，但原子核和电子的运动可导致电荷重心瞬间分离，从而产生瞬间偶极。瞬间偶极又使邻近的另一非极性分子产生瞬间诱导偶极，两种偶极处于异极相邻状态。

色散力的大小既依赖于分子的大小，也依赖于分子的形状。如丙烷、正丁烷和正戊烷均为直链化合物，色散力随分子体积的增大而增大，导致三者沸点按同一顺序升高，分别为 $-44.5\,℃$、$-0.5\,℃$、$36\,℃$。

色散力不但普遍存在于各类分子之间，而且除极少数强极性分子(如 HF、H_2O)外,大多数分子间力都以色散力为主。

2.8.3 分子间作用力对性质的影响

分子间作用力的特点:

(1)分子间作用力比化学键弱,只达几至几十 kJ/mol 的数量级。

(2)分子间作用力是近距离的没有方向性和饱和性的作用力,作用范围约几百 pm。

(3)三种作用力中,色散力是主要的,取向力仅在极性大的分子中才占有较大比例。

分子间力对物质的物理化学性质如熔点、沸点、熔化热、溶解度和黏度等有较大影响。正是靠着这种作用力,才将气体分子凝聚成液体并进而转化为固体。如卤素 F_2、Cl_2、Br_2、I_2 的溶、沸点随相对分子质量的增大而依次升高,就是因为色散力随相对分子质量的增大而增加的缘故。表 2-8 是若干分子的作用能比较。

表 2-8 若干分子的作用能比较

分子	偶极矩 μ 10^{-30} C·m	极化率 α 10^{-40} $J^{-1}·C^2·m^2$	$E_{取}$ kJ·mol^{-1}	$E_{诱}$ kJ·mol^{-1}	$E_{色}$ kJ·mol^{-1}	$E_{总}$ kJ·mol^{-1}
Ar	0	1.85	0.000	0.000	8.50	8.50
CO	0.390	2.20	0.003	0.008	8.75	8.75
HI	1.40	6.06	0.025	0.113	25.87	26.00
HBr	2.67	4.01	0.69	0.502	21.94	23.11
HCl	3.60	2.93	3.31	1.00	16.83	21.14
NH_3	4.90	2.47	13.31	1.55	14.95	29.60
H_2O	6.17	1.65	36.39	1.93	9.00	47.31

2.9 氢键

2.9.1 氢键的本质和形成条件

氢键(hydrogen bond)是指键合于某一电负性原子上的 H 原子与一个含孤对电子的电负性原子之间的结合力,通常表示为

$$X—H\cdots Y$$

式中，X—H 为正常的共价键，Y 代表含孤对电子的电负性较大的原子。Y 与 X 可以是同一种原子，也可以是不同种原子。H 原子与电负性大的非金属元素（如 F、O、N、Cl 等）形成共价键时，由于电子对被强烈吸向后者，使其本身在一定程度上"裸露"出来。这种情况导致该 H 原子能以静电引力作用于另一共价键中的大电负性原子而形成氢键，成为两个大电负性原子之间的桥原子，见图 2-42。

　　大多数氢键比共价键弱得多，氢键的键能一般在 $40\ kJ\cdot mol^{-1}$，和范德瓦耳斯力处于同一数量级，但氢键有两个与范德瓦耳斯力不同的特点，那就是它的饱和性和方向性。氢键的饱和性表示一个 X—H 只能和一个 Y 形成氢键，这是因为氢原子半径比 X、Y 小得多，如果另一个 Y 原子接近它们，则受到 X、Y 原子的排斥力比受氢原子的吸引力大得多，所以 X—H$\cdots$Y 中的氢原子不可能再形成第二个氢键。氢键的方向性是指 Y 原子与 X—H 形成氢键时，其方向尽可能与 X—H 键轴在同一方向，即 X—H$\cdots$Y 尽可能保持 $180°$。因为这样成键可使 X 与 Y 距离最远，两原子的电子云斥力最小，形成稳定的氢键。

　　氢键可分为分子间氢键和分子内氢键两大类。HNO_3 分子、在苯酚的邻位上有—NO_2、—COOH 等基团时都可以形成分子内氢键。分子内氢键由于分子结构原因通常不能保持直线形状，见图 2-43。

　　冰是分子间氢键的一个典型例子。由于分子必须按氢键的方向排列，所以它的排列不是最紧密的，因此冰的密度小于液态水。同时，因为冰有氢键，必须吸收大量的热才能使其断裂，所以其熔点大于同族的 H_2S。

2.9.2　氢键对性质的影响

　　氢键作用力对物质性质有一定的影响。如第 ⅣA 族元素的二元氢化合物的沸点自 CH_4 至 SnH_4 逐渐升高，这种变化趋势与分子间色散力按同一方向增大的趋势相一致。p 区同族元素氢化物的熔、沸点从上到下升高，而 NH_3、H_2O 和 HF 却例外。如 H_2O 的沸点比 H_2S、H_2Se、H_2Te 都要高。H_2O 还有许多反常的性质，如特别大的介电常数和比热容及密度等，这种偏离主要是氢键造成的。N 原子、O 原子和 F 原子比其他 Y 原子的电负性都要高。

　　(1)物质的熔点和沸点。结构相似的同系物，如果是非极性分子，色散力是分子间的主要作用力，那么，随着分子量增

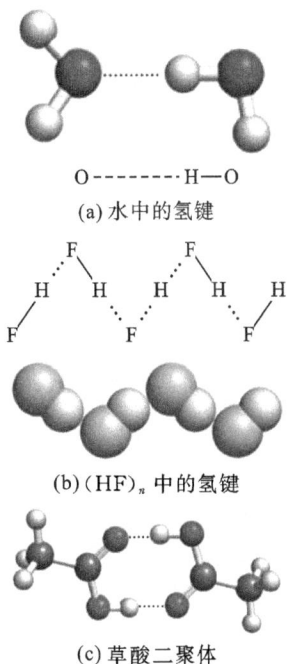

(a) 水中的氢键

O--------H—O

(b)$(HF)_n$ 中的氢键

(c) 草酸二聚体

图 2-42　几种常见氢键

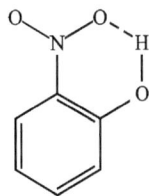

图 2-43　分子内氢键

大,极化率增大,色散力加大,熔、沸点升高,如图 2-44 所示。

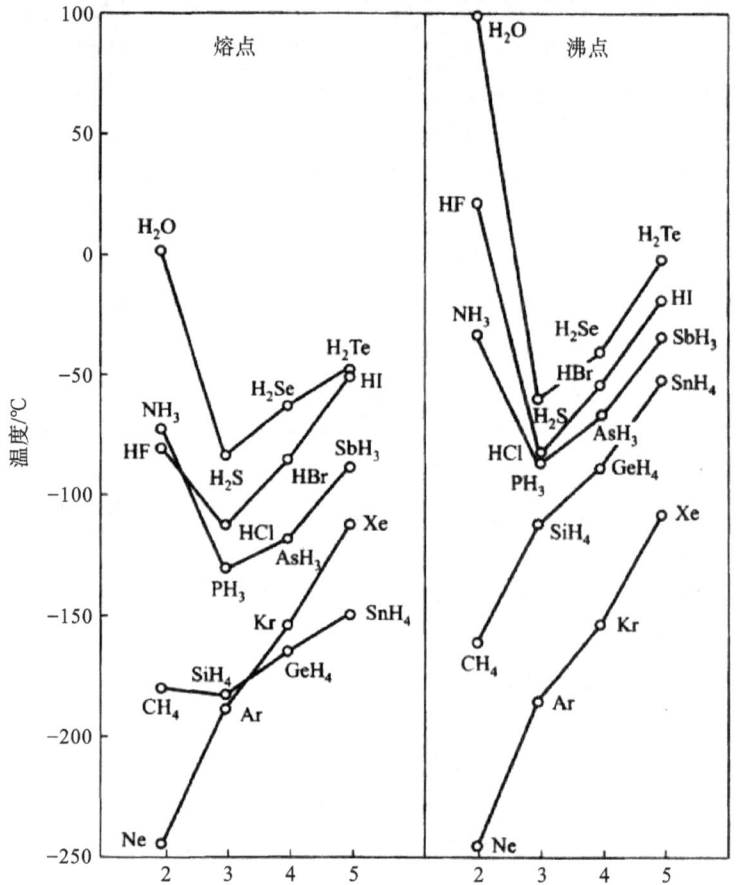

图 2-44 一些结构相似同系物的熔、沸点变化情况

(2)物质的溶解性质。水是应用最广泛的极性溶剂,汽油、煤油等是典型的非极性溶剂。溶质分子在水中和油中的溶解性质,可以用"相似相溶"原理表达。也就是说,结构相似的化合物容易相互混溶,结构差异很大的化合物不容易互溶。其中结构二字有两层含义:一是指物质结合在一起所依靠的化学键类型,对于由分子结合成的物质,主要指分子间结合力类型;二是指分子或离子原子的相对大小及离子的电价。

(3)黏度和表面张力。分子间形成氢键,会增大黏度。比如甘油、磷酸、硫酸等,一个分子能和其他分子形成若干个氢键,都是黏度较大的液体。

水的表面张力很大,其根源在于水分子间的氢键。物质表面能的大小和分子间作用力大小有关,因为表面分子受到液体内部分子的吸引力,向液体内部挤压,有减小表面的趋势。单位面积上的表面能称为表面张力系数,它是衡量液体

分子挣脱表面张力,离开液体表面的难易程度的指标。表 2-9
是常见液体的表面张力系数。

表 2-9　常见液体的表面张力系数

液体	水	苯	丙酮	乙醇	乙醚
表面张力系数/$10^{-3}N \cdot m^{-1}$	72.8	28.2	24.0	22.3	17.1

化学视野

分子自组装与超分子化学

自组装(self-assembly)是指基本结构单元(分子、纳米材料、微米或更大尺度的物质)自发形成有序结构的一种技术。在自组装的过程中,基本结构单元在基于非共价键的相互作用下自发地组织或聚集为一个稳定、具有一定规则几何外观的结构。自组装过程并不是大量原子、离子、分子之间弱作用力的简单叠加,而是若干个体之间同时自发地发生关联并集合在一起形成一个紧密而又有序的整体,是一种整体的复杂的协同作用。

分子自组装利用了分子与分子或分子中某一片段与另一片段之间的分子识别,相互通过非共价作用形成具有特定排列顺序的分子聚合体。分子自发地通过无数非共价键的弱相互作用力的协同作用是发生自组装的关键。这里的"弱相互作用力"指的是氢键、范德瓦耳斯力、静电力、疏水作用力、π-π堆积作用、阳离子-π吸附作用等。非共价键的弱相互作用力维持自组装体系的结构稳定性和完整性。

并不是所有分子都能够发生自组装过程,它的产生需要两个条件:自组装的动力及导向作用。自组装的动力指分子间的弱相互作用力的协同作用,它为分子自组装提供能量。自组装的导向作用指的是分子在空间的互补性,也就是说要使分子自组装发生就必须在空间的尺寸和方向上达到分子重排要求。

不同于分子化学基于原子之间的共价键,超分子化学基于分子间的相互作用,即两个或两个以上的结构块依靠分子间作用力缔合。以类似于原子结合形成分子的方式结合成超分子。超分子化学是分子水平以上的化学。主要研究两个或两个以上分子通过分子之间的非共价键相互作用生成具有特定功能的分子聚集体的结构。

三位超分子化学研究方面的科学家获得了 1987 年的诺贝尔化学奖,见图 2-45。查尔斯·佩德森(C. Pedersen)发现冠

查尔斯·佩德森

唐纳德·克拉姆

让-马里·莱恩

图 2-45　三位超分子化学家获得 1987 年诺贝尔化学奖

醚化合物,让-马里·莱恩(J-M. Lehn)发现穴醚化合物并提出超分子概念,唐纳德·克拉姆(D. Cram)是主客体化学创立者。此后十多年,超分子化学获得很大发展。

莱恩教授在获奖演说中对超分子化学的定义:"Supramolecular Chemistry is the chemistry of the intermolecular bond,covering the structures and functions of the entities formed by associasion of two or more chemical species."即超分子化学是研究两种以上的化学物质通过分子间力相互作用缔结成为具有特定结构和功能的超分子体系的科学。简言之:超分子化学是研究多个分子通过非共价键作用而形成的功能体系的科学。莱恩在演说"超分子化学——范围与展望:分子、超分子和分子器件"中,更直接地提出了超分子化学的命题,他建议将超分子化学定义为"超出分子的化学"(chemistry beyond the molecule)。

超分子化学已成为当前公认的化学理论与应用技术的前沿课题。超分子化学是分子水平以上的化学。超分子与普通分子的区别不在于物质的大小,而在于是否能够把这个物质分裂为至少在原则上能独立存在的分子,以类似于原子结合形成分子的方式结合成超分子。大分子自组装、超分子化学和高分子科学的交叉学科是当今化学和材料科学发展的前沿,是孕育先进材料的摇篮。

思 考 题

2-1 区分下列概念:
　　(1)共价键与离子键;　　　　(2)共价键与配位共价键;
　　(3)极性与非极性共价键;　　(4)σ 键与 π 键;
　　(5)d^2sp^3 杂化与 sp^3d^2 杂化; (6)价键理论与分子轨道理论;
　　(7)成键轨道与反键轨道。

2-2 下列离子中,哪些几何构型为 T 形? 哪些构型为平面四边形?
　　(1)XeF_3^+;　　　　　(2)NO_3^-;　　　　(3)SO_3^{2-};
　　(4)ClO_4^-;　　　　　(5)IF_4^+;　　　　(6)ICl_4^-。

2-3 F_2 的成键作用靠的是哪个轨道的电子?

2-4 实验测得 O_2 的键长比 O_2^+ 的键长长,而 N_2 的键长比 N_2^+ 的键长短,除 N_2 以外,其他三种物质均为顺磁性,如何解释上述实验事实?

2-5 用化学键理论解释为什么碱金属是电的良导体。

2-6 下列判断中正确的是哪一个?
　　A. CO_2 为非极性分子,而 SO_2 为极性分子
　　B. $[Ag(NH_3)_2]^+$ 配离子中的中心离子 Ag^+ 采取的是 sp^2 杂化方式

C. HBr 分子比 HI 分子的共价成分多一些

D. O_2^+ 不具有顺磁性

2-7　下列分子的偶极矩是否为零？

A. CCl_4　　　　　B. NH_3　　　　　C. SF_6　　　　　D. $BeCl_2$

2-8　判断下列说法是否正确。

(1)形成 CCl_4 时，C 原子采取了 sp^3 轨道杂化，所以其结构是正四面体。

(2)sp^3 杂化得到的 4 个杂化轨道具有相同的能量。

(3)共价双键是由一个 π 键和一个 σ 键构成。

(4)NH_3 和 CH_4 的中心原子都是采取 sp^3 杂化，所以都是正四面体型。

(5)通常情况下，杂化轨道只能形成 σ 键。

2-9　如何理解硼烷及其衍生物属于原子簇化合物？

2-10　B_2H_6 和 C_2H_4 中，B 和桥 H 的化学键是什么键？

习　题

2-1　写出下列化合物分子的结构式，并指出其中哪些是 σ 键，哪些是 π 键，哪些是配位键。

(1)膦 PH_3；　　　(2)联氨 N_2H_4（N—N 单键）；　　　(3)乙烯；

(4)甲醛；　　　(5)甲酸。

2-2　根据下列分子或离子的几何构型，试用杂化轨道理论加以说明。

(1)$HgCl_2$（直线）；　　　　　(2)SiF_4（正四面体）；

(3)BCl_3（平面三角形）；　　　(4)NF_3（三角锥形，102°）；

(5)NO_2^-（V 形，115.4°）。

2-3　试用价层电子对互斥理论推断下列各分子的几何构型，并用杂化轨道理论加以说明。

(1)$SiCl_4$；　　(2)CS_2；　　(3)BBr_3；　　(4)PF_3；　　(5)OF_2；　　(6)SO_2。

2-4　试用 VSEPR 理论判断下列离子的几何构型。

(1)I_3^-；　　　　(2)ICl_2^+；　　　(3)TlI_3^{3-}；　　　(4)CO_3^{2-}；

(5)ClO_3^-；　　(6)SiF_5^-；　　(7)PCl_3^-。

2-5　试用 VSEPR 理论排列 NO_2、NO_2^+、NO_2^- 中键角∠ONO 的顺序。

2-6　试用 VSEPR 理论预测下列分子或离子的几何构型。

(1)NO_3^-；　　(2)NF_3；　　(3)SO_3^{2-}；　　(4)ClO_4^-；

(5)CS_2；　　(6)BO_3^{3-}；　　(7)SiF_4；　　(8)H_2S；

(9)AsO_3^{3-}；　　(10)ClO_3^-。

2-7　下列各对分子或离子中，哪一组具有相同的几何构型？

(1)SF_4 与 CH_4；　　　　　(2)ClO_2 与 H_2O；

(3)CO_2 与 BeH_2；　　　　(4)NO_2^+ 与 NO_2；

(5)PCl_4^+ 与 SO_4^{2-}；　　　(6)BrF_5 与 $XeOF_4$。

2-8　写出 O_2^+、O_2、O_2^-、O_2^{2-} 的分子轨道电子排布式，计算其键级，比较其稳定性强弱，并说明其磁性。

2-9 试用分子轨道理论写出下列双原子分子或离子的电子构型,计算其键级,并推测它们的稳定性。

(1)H_2^+;   (2)C_2;   (3)B_2;   (4)Li_2;

(5)He_2;   (6)He_2^+;   (7)Be_2。

2-10 下列分子或离子中哪一个的键角最小?

(1)NH_3;   (2)PH_4^+;   (3)BF_3;   (4)H_2O;   (5)$HgBr_2$。

2-11 指出下列分子或离子的几何构型、键角、中心原子的杂化轨道,并估计分子中键的极性。

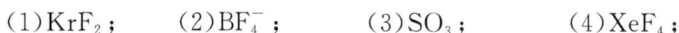

(1)KrF_2;   (2)BF_4^-;   (3)SO_3;   (4)XeF_4;

(5)PCl_5;   (6)SeF_6。

2-12 回答下列问题。

(1)在 $HgCl_2$、H_2O、NH_3、PH_3 分子或离子中,键角最小的是哪一个?

(2)PBr_3、CH_4、BF_3、H_2O、NO_2、SCl_2、CS_2 分子中心原子采取 sp^2 杂化的是哪些?

(3)SO_4^{2-} 离子的空间构型是什么?

(4)O_2、O_2^{2-}、N_2、CO 分子或离子具有顺磁性的是哪一个?

(5)NH_3、H_2O、$BeCl_2$、BF_3 分子构型是平面三角形的是哪一个?

2-13 应用 VSEPR 理论指出下列分子或离子的空间构型,填写下表。

物 质	价电子对数	成键电子对数	孤对电子数	空间构型
ClO_4^-				
NO_3^-				
SiF_6^{2-}				
BrF_5				
NF_3				
NO_2^-				
NH_4^+				

2-14 分析戊硼烷-9(B_5H_9)、己硼烷-10(B_6H_{10})、癸硼烷-14($B_{10}H_{14}$)分子结构的成键情况,推算出其对应的 *styx* 数值,并画出可能的拓扑图像。

2-15 (1)ClO_2^+ 离子的几何构型是什么类型? (2)ClO_2^- 离子的几何构型是什么类型? (3)OClO 的键角是多少?

2-16 (1)$SOCl_2$ 分子的几何构型(S 为中心原子)是什么类型? (2)OSCl 分子中有多少个不同的键角? (3)预测 OSCl 和 ClSCl 的键角分别是多少?

2-17 (1)XeF_2 分子的几何构型是什么? (2)FXeF 的键角是多少?

2-18 (1)ICl_2 分子的几何构型(I 为中心原子)是什么? (2)ClICl 的键角是多少?

2-19 (1)SbF_5^{2-} 离子的几何构型是什么? (2)FS_bF 分子中有多少个不同的键角? (3)FSbF 的键角是多少?

2-20 预测下列分子或离子的键角。

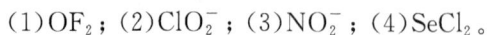

(1)OF_2; (2)ClO_2^-; (3)NO_2^-; (4)$SeCl_2$。

第3章 固体结构与金属键和离子键

Chapter 3　Solid Structure and Metallic/Ionic Bond

为什么要学习这一章?

科学家在设计新材料时,都会考虑到单个粒子的性质与它们之间的相互作用如何形成物体的性质。所以,关注原子和分子的性质及其与固体的关系十分重要。材料的主要存在形式是固体状态,其中以晶体状态为主。本章开始涉及材料科学的内容。材料是人类赖以生活和生产的物质基础,材料的重要作用在现代社会变得更为突出。材料科学是一门综合学科,它以物理学和化学为基础,以工程科学为目标,研究和开发具有优良性能和实际应用价值的新型材料。晶体学是材料科学的重要基础之一。

本章的核心思想是什么?

物质凝聚态源自于分子之间的相互作用力。当原子、离子和分子没有足够的能量从它们相邻的对象旁逃逸时,就以特有的排列方式形成固体。因此,应了解晶体结构特点与不同类型晶体的特性;熟悉三种离子晶体的结构特征,理解晶格能对离子化合物熔点、硬度的影响;熟悉分子晶体和原子晶体的一般特征与组成特点;了解离子键、金属键、分子间作用力和氢键的基本概念。

需要的知识储备是什么?

分子的极性及分子间作用力;原子结构和电子构型;电荷之间的库仑引力。

固体分为晶体(crystal)、非晶体(non-crystal)和准晶体(quasicrystal)三大类。晶体通常呈现规则的几何形状,其内部原子的排列十分规整严格,典型固体结构见图 3-1。如果将晶体中任意一个原子沿某一方向平移一定距离,必能找到一个同样的原子。而玻璃、珍珠、沥青、塑料等非晶体的内部原子排列则是杂乱无章的。非晶体的内部是原子无规则的均匀排列,没有一个方向比另一个方向特殊,如同液体内的分子

图 3-1　典型的固体结构

排列一样,不能形成空间点阵,故表现为各向同性。准晶体亦称为"准晶"或"拟晶",是一种介于晶体和非晶体之间的固体结构。其内部排列既不同于晶体,也不同于非晶体,具有与晶体相似的长程有序的原子排列。但是准晶体不具备晶体的平移对称性,因而可以具有晶体所不具备的宏观对称性。不同结构固体的性质不相同,因此,本章从晶体结构理论开始,主要介绍金属晶体与金属键、离子键与离子晶体、共价键与原子晶体、分子晶体与混合晶体、分子间作用力和氢键等基础内容。

3.1 晶体结构与类型

3.1.1 晶体的结构特点

究竟什么样的物质才能算作晶体?

首先,除液晶外,晶体一般是固态;其次,组成晶体的原子、分子或离子具有规律的、周期性排列,这样的物质就是晶体。但仅从外观上,凭肉眼很难区分晶体、非晶体与准晶体。众所周知,食盐是氯化钠的结晶,味精是谷氨酸钠的结晶,冬天窗户玻璃上的冰花和天上飘下的雪花,是水的结晶,见图3-2。牙齿、骨骼也是晶体,日常见到的各种金属及合金制品也属晶体,就连地上的泥土砂石都是晶体。由于这些物质内部原子排列的明显差异,导致了晶体与非晶体物理化学性质的巨大差异。例如,晶体有固定的熔点,当温度高到某一温度便立即熔化;而玻璃及其他非晶体则没有固定的熔点,从软化到熔化有一个较大的温度范围。因此,晶体是由原子或分子在空间按一定规律周期性地重复排列构成的固体物质,见图3-3。一种物质是不是晶体是由其内部结构决定的,而不能由外观判断。周期性是晶体结构最基本的特征,其特点主要体现在以下几点:

(1)晶体具有规则的多面体外形;

(2)晶体呈各向异性;

(3)晶体具有固定的熔点。

另外,多数的固态晶体属于多晶体(也叫复晶体),是由单晶体组成的。这种组成方式是无规则的,每个单晶体的取向不同。虽然每个单晶体仍保持原来的特性,但多晶体除有固定的熔点外,其他宏观物理特性都不再存在。这是因为组成多晶体的单晶体仍保持着分子、原子的规则排列,温度达不到熔解温度时不会破坏其空间点阵,故仍存在熔点。而其他方面的宏观性质,则因为多晶体是由大量单晶体无规则排列成

图3-2 食盐与雪花晶体

图3-3 晶体具有排列整齐的面及规整的内部结构

的,单晶体各方向上的特性平均后,没有一个方向比另一个方向上更占优势,故成为各向同性。各种金属就属于多晶体,它们没有固定的独特形状,表现为各向同性。

3.1.2　晶格理论

1.晶胞与晶胞参数

按照晶体的现代点阵理论,构成晶体结构的原子、分子或离子都能抽象为几何学上的点,再用假想的线段将这些代表原子、分子或离子的点连接起来,得到平面网格。这些没有大小、没有质量、不可分辨的点在空间排布形成的图形叫作点阵,以此表示晶体中结构粒子的排布规律。构成点阵的点叫作阵点,阵点代表的化学内容叫作结构基元。或者说,点阵结构中每个阵点所代表的具体内容,包括原子或分子的种类和数目,以及在空间按一定方式排列的结构,称为晶体的结构基元(structural motif)。结构基元是重复周期包含的具体内容,而阵点是一个抽象的点。如果在晶体点阵结构中各阵点位置上,按同一种方式安置结构基元,就得到整个晶体的结构。可以简单地将晶体结构用下式表示:

$$晶体结构＝点阵 ＋ 结构单元$$

或
$$晶体结构＝结构单元@点阵$$

将这个二维体系扩展到三维体系,得到的是空间网格,将这种用来描述原子在晶体中排列的空间网格,称为晶格。晶格是一种几何概念,也可以看成点阵上的点所构成的点群集合。晶格使用点和线反映晶体结构的周期性,是从实际晶体中抽象出来的晶体结构周期性规律,见图 3-4。

对于一个确定的空间点阵,可以按选择的向量将它划分成很多平行六面体,每个平行六面体称为一个单位,并以对称性高、体积小、含阵点少的单位为其正当格子。由于晶体中原子的排列是有规律的,可以从晶格中拿出一个完全能够表达晶格结构的最小单元,这个最小单元就叫作晶胞,如图 3-5 所示。晶胞在三维空间有规则地重复排列组成了晶体。晶胞是充分反映晶体对称性的基本结构单位。单晶体内所有的晶胞取向完全一致(如单晶硅、单晶石英)。当然,也有许多取向相同的晶胞组成晶粒。由取向不同的晶粒组成的物体,叫作多晶体,大家最常见到的一般是多晶体。

晶胞包含两个要素。一是晶胞的大小和形状,由晶胞参数决定。晶胞参数用图 3-5 中的 a、b、c、α、β、γ 表示。其中,a、b、c 为六面体各边(边长),α、β、γ 分别是 bc、ca、ab 所形成的夹角。晶胞参数确定了晶胞的大小与形状,不同的晶体通

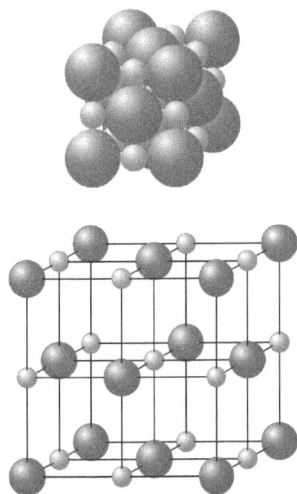

图 3-4　粒子堆积与晶格

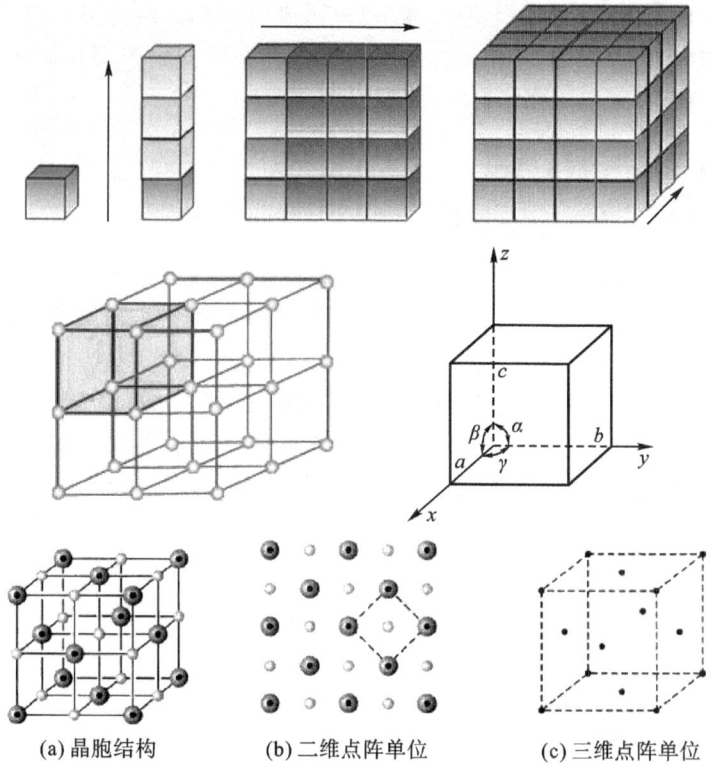

(a) 晶胞结构　　　(b) 二维点阵单位　　　(c) 三维点阵单位

图 3-5　晶胞是表达晶格结构的最小单元

常具有不同的晶胞,即晶胞参数是可变的。二是晶胞的内容,由晶胞中粒子的种类、数目和在晶胞中的相对位置来决定。

2. 7 个晶系和 14 种空间点阵排列形式

按照晶胞参数的不同,将晶体分成 7 个晶系,如表 3-1 所示,这些晶系具有不同的对称性,详细对称性见图 3-6。按带心型式分类,将七大晶系分为 14 种型式,它们是简单立方、面心立方、体心立方;简单四方、体心四方;简单单斜、C 心单斜;简单正交、底心正交、C 心正交、面心正交;简单三斜,简单六方,R 心六方,见图 3-7。

表 3-1　按照晶胞参数分成的 7 个晶系

晶系	边长	夹角	晶体实例
立方晶系	$a=b=c$	$\alpha=\beta=\gamma=90°$	NaCl
四方晶系	$a=b\neq c$	$\alpha=\beta=\gamma=90°$	SnO_2
正交晶系	$a\neq b\neq c$	$\alpha=\beta=\gamma=90°$	$HgCl_2$
单斜晶系	$a\neq b\neq c$	$\alpha=\gamma=90°,\ \beta\neq 90°$	$KClO_3$
三斜晶系	$a\neq b\neq c$	$\alpha\neq\beta\neq\gamma\neq 90°$	$CuSO_4 \cdot 5H_2O$
三方晶系	$a=b=c$	$\alpha=\beta=\gamma\neq 90°$	Al_2O_3
六方晶系	$a=b\neq c$	$\alpha=\beta=90°,\ \gamma=120°$	AgI

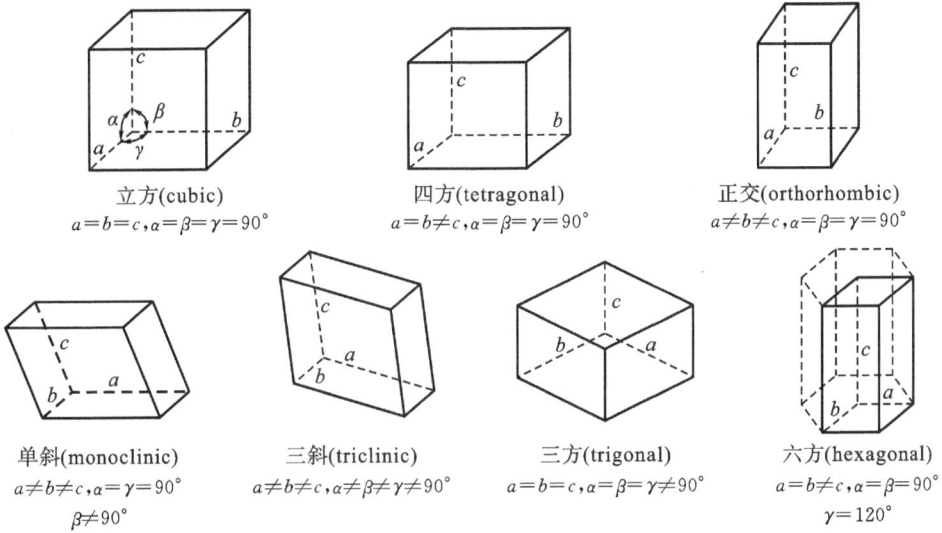

立方(cubic)
$a=b=c,\alpha=\beta=\gamma=90°$

四方(tetragonal)
$a=b\neq c,\alpha=\beta=\gamma=90°$

正交(orthorhombic)
$a\neq b\neq c,\alpha=\beta=\gamma=90°$

单斜(monoclinic)
$a\neq b\neq c,\alpha=\gamma=90°$
$\beta\neq90°$

三斜(triclinic)
$a\neq b\neq c,\alpha\neq\beta\neq\gamma\neq90°$

三方(trigonal)
$a=b=c,\alpha=\beta=\gamma\neq90°$

六方(hexagonal)
$a=b\neq c,\alpha=\beta=90°$
$\gamma=120°$

图 3-6　7 种晶系的对称性

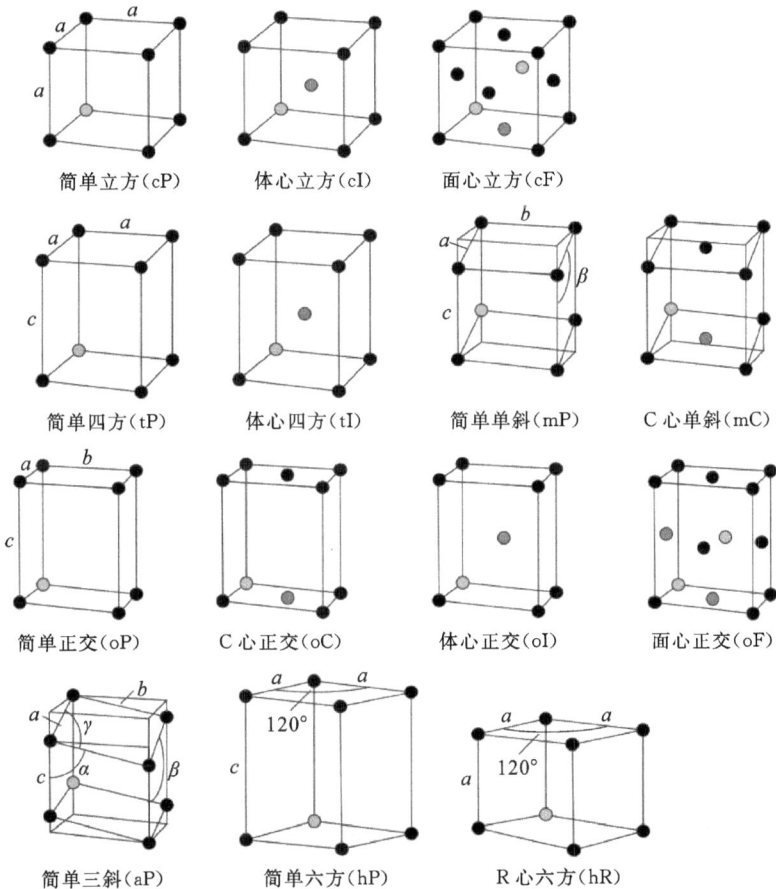

简单立方(cP)　　体心立方(cI)　　面心立方(cF)

简单四方(tP)　　体心四方(tI)　　简单单斜(mP)　　C 心单斜(mC)

简单正交(oP)　　C 心正交(oC)　　体心正交(oI)　　面心正交(oF)

简单三斜(aP)　　简单六方(hP)　　R 心六方(hR)

图 3-7　14 种空间点阵排列形式

3.1.3 晶体类型

晶体的性质取决于分子联结成固体的结合力。这些力通常涉及原子或分子的最外层的电子(或称价电子)的相互作用。如果结合力强,晶体有较高的熔点。如果结合力稍弱一些,晶体将有较低的熔点,也可能较易弯曲和变形。如果结合力很弱,晶体只能在很低的温度下形成,此时分子可利用的能量不多。

由于在金属晶体、离子晶体和分子晶体中的金属键、离子键和分子间力,都没有方向性和饱和性,这些作用力都趋向使原子(离子)具有较大的配位数以降低体系的能量。四种晶体对应四种主要的晶体键,其特点见表 3 - 2。

(1)金属晶体,如 Cu、Ag、Au 等。金属晶体是金属的原子变为离子,被自由的价电子所包围,它们能够容易地从一个原子运动到另一个原子,可形象地描述为沉浸在自由电子的海洋里(金属键)。当这些电子全在同一方向运动时,它们的运动称为电流。

(2)离子晶体,如 NaCl、Na_2CO_3 等。离子晶体由正离子和负离子构成,靠不同电荷之间的引力(离子键)结合在一起。

(3)原子晶体,如金刚石、单晶硅等。原子晶体(共价晶体)的原子或分子共享它们的价电子(共价键)。钻石、锗和硅是重要的共价晶体。

(4)分子晶体,如干冰、冰、蔗糖等。分子晶体的分子完全不共享它们的电子。它们的结合是由于从分子的一端到另一端电场有微小的变动。因为这个结合力很弱(范德瓦耳斯力和氢键),这些晶体在很低的温度下就熔化,且硬度极低。典型的分子晶体如固态氧和冰。

表 3 - 2 晶体的类型与特性

晶体类型	组成粒子	粒子间作用力	物理性质			示例
			熔沸点	硬度	熔融导电性	
金属晶体	原子 离子	金属键	高、低	大、小	好	Cr,K
离子晶体	离子	离子键	高	大	好	NaCl
原子晶体	原子	共价键	高	大	差	金刚石,单晶硅
分子晶体	分子	分子间力	低	小	差	干冰

四种晶体熔、沸点规律对比。

(1)离子晶体:结构相似且化学式中各离子个数比相同的

离子晶体中,离子半径越小(或阴、阳离子半径之和越小的)、键能越强的熔、沸点就越高。如 NaCl、NaBr、NaI 和 NaCl、KCl、RbCl 等的熔、沸点依次降低。离子所带电荷大的熔点较高,如:MgO 熔点高于 NaCl。

(2)分子晶体:在组成、结构均相似的分子晶体中,式量大的分子间作用力就大,熔点也高。如:F_2、Cl_2、Br_2、I_2 和 HCl、HBr、HI 等的熔、沸点均随式量增大升高。但结构相似的分子晶体有氢键存在,熔、沸点较高。

(3)原子晶体:在原子晶体中,只要成键原子半径小,键能大,熔点就高。如金刚石、金刚砂(碳化硅)、晶体硅的熔、沸点逐渐降低。

(4)金属晶体:在元素周期表中,主族数越大,金属原子半径越小,其熔、沸点也就越高。如ⅢA 的 Al,ⅡA 的 Mg,ⅠA 的 Na,熔、沸点就依次降低。而在同一主族中,金属原子半径越小,其熔、沸点越高。

思考:**如何区分晶体与非晶体?**

3.2　金属晶体与金属键

金属晶体(metallic crystal)是晶格结点上排列着金属原子-离子所构成的晶体。金属晶体通常具有很高的导电性、导热性、可塑性和机械强度,对光的反射系数大,呈现金属光泽,在酸中可替代氢形成正离子等特性。金属晶体中的原子-离子按金属键结合,因此金属晶体的物理性质和结构特点都与金属原子之间主要靠金属键键合相关。

金属单质及一些金属合金都属于金属晶体,例如镁、铝、铁和铜等。金属晶体中存在金属离子(或金属原子)和自由电子,金属离子(或金属原子)总是紧密地堆积在一起,金属离子和自由电子之间存在较强烈的金属键,自由电子在整个晶体中自由运动。金属具有共同的特性,如金属有光泽、不透明,是热和电的良导体,有良好的延展性和机械强度,大多数金属具有较高的熔点和硬度。金属晶体中,金属离子排列越紧密、金属离子的半径越小、离子电荷越高,金属键越强,金属的熔、沸点越高。例如ⅠA 族金属由上而下,随着金属离子半径的增大,熔、沸点递减;第三周期金属按 Na、Mg、Al 顺序,熔、沸点递增。

金属晶体内原子的排列好像很多硬球一层一层地紧密地堆积在一起,形成晶体。所谓等径圆球紧密堆积,就是将很多直径相同的圆球堆积起来做到留下的空隙为最小。1883 年,英国学者巴罗发现等径圆球的最紧密堆积只有两种排列方式：一种是立方对称，一种是六方对称，分别相当于现在知道的金属单质的 A1 型和 A3 型结构。因此很多晶体物质都是原子或离子紧密堆积的集合体，很多晶体的结构可以用球体的堆积来讨论。等径圆球密堆积决定了金属晶体的主要结构类型为面心立方密堆积、六方密堆积和体心立方密堆积三种，分别构成了面心立方晶格、体心立方晶格、密排六方晶格。

思考：金属具有光泽的原因是什么？

3.2.1 金属晶体的结构

1. 面心立方密堆积（ABCABC…）

由于金属键没有饱和性和方向性，因此，金属晶格的结构要求金属原子采取紧密堆积。这里具体说明等径圆球最密堆积模型。取很多直径相同的硬圆球，将它们相互接触排列成一条直线（所有的球心在一条直线上），形成了一个等径圆球密置列。将很多互相平行的等径圆球密置列在一个平面上最紧密地相互靠拢（要做到最紧密只有一个方式，就是每个球与四周其他 6 个球相接触），就形成了一个等径圆球密置层。它是沿二维空间伸展的等径圆球密堆积唯一的一种排列方式。金属原子面心立方密堆积如图 3-9 所示。取 A、B 两个等径圆球密置层，将 B 层放在 A 层上面。要做最密堆积使空隙最小也只有唯一一种堆积方式，就是将两个密置层平行地错开一点，使 B 层的球的投影位置正落在 A 层中三个球所围成的空隙的中心上，并使两层紧密接触。这时，每一个球将与另一层的三个球相接触。

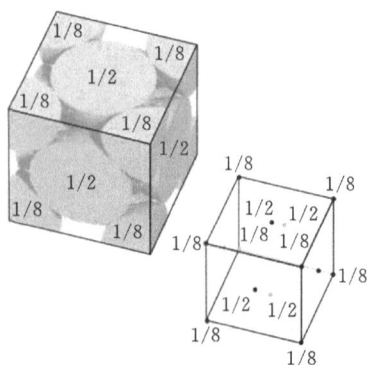

图 3-8 面心立方晶胞中原子个数的计算

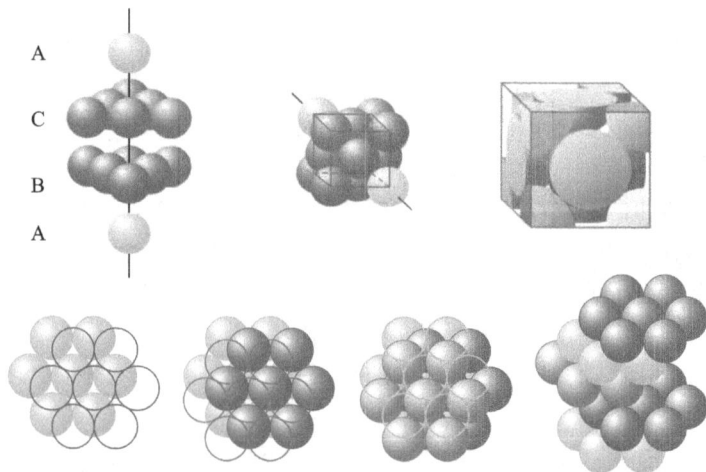

图 3-9 金属原子面心立方密堆积

在密置双层结构的基础上进一步了解等径圆球的三维最密堆积就很容易了。将第三个等径圆球密置层 C 放在上述密置双层的上面,与 B 层紧密接触,注意将 C 层中的球的投影位置对准前二层组成的正八面体空隙中心,以后第四、五、六、第七、八、九个密置层的投影位置分别依次与 A、B、C 层重合。这样,就得到了 A1 型的密堆积,它可用符号 ABCABC…来表示。由于可从 A1 型密堆积结构中抽出立方晶胞来,所以它又称为立方最密堆积。面心立方晶格的晶胞是一个立方体,立方体的八个顶角和六个面的中心各有一个原子。具有 A1 型密堆积结构的金属单质有铝、铅、铜、银、金、铂、钯、镍、γ-Fe 等。

2. 六方密堆积(ABAB…)

假如加在密置双层 AB 上的第三、五、七……个密置层的投影位置正好与 A 层重合,第四、六、八……个密置层的投影位置正好与 B 层重合,各层间都紧密接触,则得到 A3 型的密堆积,如图 3-10 所示。它可用符号 ABAB…来表示,又称为六方最密堆积,因为从其中可抽出六方晶胞。具有 A3 型堆积结构的金属单质有铍、镁、钛、锆、锌、镉、锇等。

密排六方晶格的晶胞是一个上下底面为正六边形的六棱柱体,在六棱柱体的十二个顶角和上、下底面的中心各有一个原子,六棱柱体的中间还有三个原子。

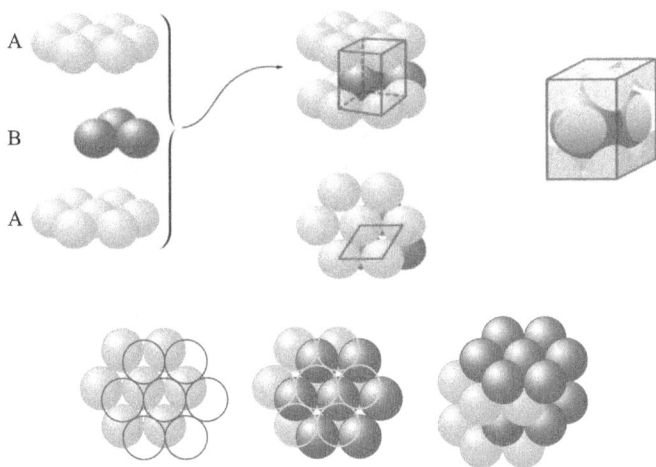

图 3-10　金属原子六方密堆积

值得注意的是,这个密置双层结构中的空隙有两种:一种是由三个相邻 A 球和一个 B 球(或三个 B 球和一个 A 球)所组成的空隙,称为正四面体空隙(由于将包围空隙的四个球的球心连接起来得到正四面体),这种空隙是一层的三个球与上或下层密堆积的球间的空隙,如图 3-11(a)所示;另一种空隙

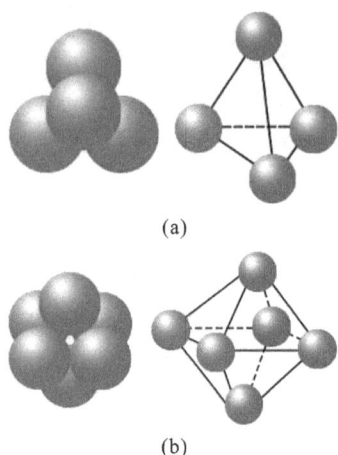

(a)

(b)

图 3-11　四面体空隙与八面体空隙

是由三个 A 球和三个 B 球(两层球的投影位置错开 60°)所组成,称为正八面体空隙(因为连接这六个球的球心得到正八面体),是一层的三个球与错位排列的另一层三个球间的空隙,如图3-11(b)所示。显然八面体空隙比四面体空隙大。

在 A1 和 A3 型结构的金属单质晶体中,每个金属原子的配位数均为 12,即每个原子是与 12 个原子(同一密置层中六个原子,上、下层中各三个原子)相邻接。这两种堆积方式是在等径圆球密堆积中最紧密的,配位数最高,空隙最小(只占总体积的 25.95%)。

3. 体心立方密堆积

体心立方密堆积(A2 型密堆积)虽然不是最密堆积,但仍是一种高配位密堆积结构。除 A1 和 A3 型外,钠、钾等常见的碱金属和钡、铬、钼、钨、α-Fe 等金属单质都为 A2 型密堆积。在 A2 型结构中,最小单位是立方体,立方体中心有一个球(代表原子),立方体的每一顶角各有一个球,所以原子的配位数为 8,空隙占总体积的 31.98%。体心立方晶格的晶胞是一个立方体,立方体的八个顶点和立方体的中心各有一个原子。

在金属单质中,上述三种高配位密堆积结构型式占了统治地位。这表明用等径圆球密堆积的理论模型来处理金属单质的结构是正确的。三种密堆积的对比见图 3-12,几种晶体的类型与性质特点见表 3-3。

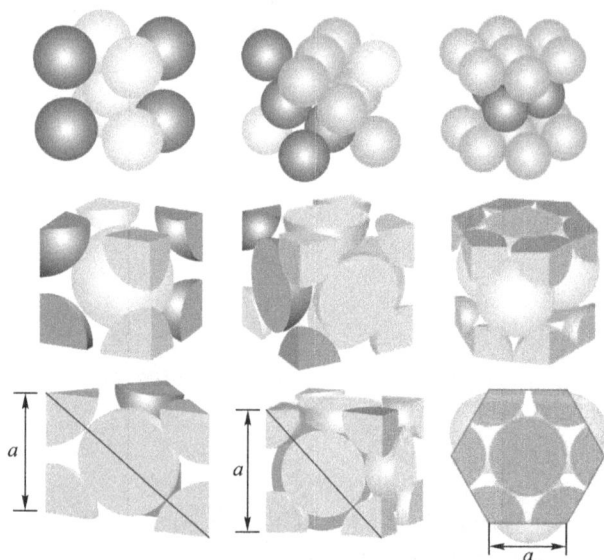

图 3-12　体心立方密堆积、面心立方密堆积、六方密堆积的晶格比较

思考:金属原子为什么有不同的密堆积方式?

表 3 - 3　晶体的类型与性质特点

堆积方式	晶胞类型	空间利用率%	配位数	实例
面心立方密堆积(A1)	面心立方	74	12	Cu，Ag，Au
六方密堆积(A3)	六方	74	12	Mg，Zn，Ti
体心立方密堆积(A2)	体心立方	68	8 或 14	Na，K，Te
金刚石型堆积(A4)	面心立方	34	4	Zn
简单立方堆积	简单立方	52	6	Po

3.2.2　金属键

金属晶体中金属原子间的结合力称为金属键。1916 年，荷兰理论物理学家洛伦兹(Lorentz H. A.，1853—1928)提出金属"自由电子理论"，可定性地阐明金属的一些特征性质。这个理论以为，在金属晶体中金属原子失去其价电子成为正离子，正离子如刚性球体排列在晶体中，电离下来的电子可在整个晶体范围内在正离子堆积的空隙中"自由"地运行，称为自由电子。正离子之间固然相互排斥，但可在晶体中自由运行的电子能吸引晶体中所有的正离子，把它们牢牢地"结合"在一起。这就是金属键的自由电子理论模型。金属键目前有两种理论，一个是金属键的电子海模型理论，一个是金属键的能带理论。

1. 金属键的电子海模型

在电子海(electron sea)模型中，金属键(metallic bond)的形象描述是："失去电子的金属离子浸在自由电子的海洋中。"金属原子的半径较大，核对价电子的吸引力较弱。这些价电子容易从金属原子上脱落并汇集成所谓的"电子海"，脱落下来的电子能在整个晶体中自由流动，因而被称为自由电子或离域电子，如图 3 - 13 所示。正是这种作用力将金属原子"胶合"起来形成金属晶体。金属中自由电子与金属正离子间的作用力叫金属键。金属键的强弱与自由电子的多少、离子半径、电子层结构等其他许多因素有关。

尽管这种成键模型过于简单，但却十分成功地解释了金属的大多数特征。自由电子不受某种具有特征能量和方向的键的束缚，因而能吸收并重新发射很宽波长范围的光线，从而使金属不透明且具金属光泽。自由电子在外电场影响下定向流动形成电流，使金属具有良好的导电性。金属的导热性也与自由电子有关，运动中的自由电子与金属离子通过碰撞而

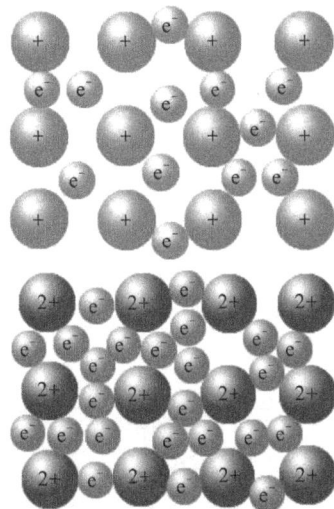

图 3 - 13　电子海模型

交换能量,进而将能量从一个部位迅速传至另一部位。与离子型和共价型物质不同,外力作用于金属晶体时正离子间发生的滑动不会导致键的断裂,使金属表现出良好的延性和展性,从而便于进行机械加工。金属具有较高的沸点和气化热,表明金属正离子不那么容易游出"电子海"。一般说来,价电子多的金属的熔、沸点相对比较高,这是由于更多的自由电子增强了金属键。价电子多的金属其硬度和密度通常也较大。

2. 金属键的能带理论

能带理论(energy band theory)应用分子轨道理论研究金属晶体中的结合力。分子轨道理论将金属晶体看作一个巨大分子,结合在一起的无数个金属原子形成无数条分子轨道,电子填充在分子轨道中。

以金属锂为例。两个锂原子的两条 2s 轨道组合成一条 σ 成键轨道和一条 σ 反键轨道。分子轨道数目等于参与组合的原子轨道数目。3 个、10 个、n 个锂原子就应产生 3 条、10 条、n 条 σ_{2s} 轨道。由于这些轨道处于许多不同的能级,成键轨道间的能量差和反键轨道间的能量差随着原子数的增多都变得越来越小[图 3-14(a)]。这些轨道能级实际上变得非常接近,以致可将其看成连续状态[图 3-14(b)]。这样一组连续状态的分子轨道被称为一个能带(energy band)。

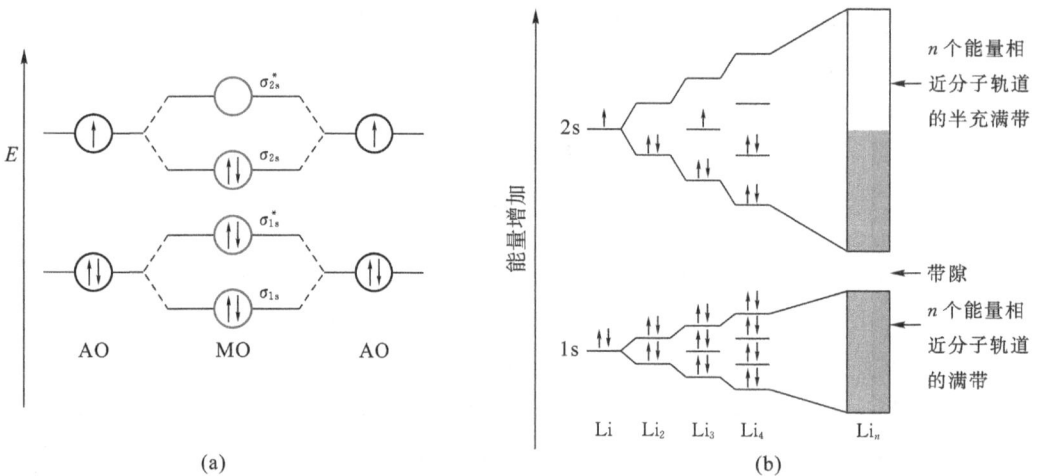

(a)

(b)

图 3-14　金属锂的能带形成

在锂原子的 2s 原子轨道形成的能带中,由于每个锂原子只有 1 个价电子,该能带应处于半满状态。半满状态的电子可以自由运动。电子在其中能自由运动的能带叫导带(conduction band)。含有导带的金属具有导电性。

按照能带理论,金属镁似乎应为非导体,因为最高的能带已被每个 Mg 原子提供的 2 个 3s 电子所充满(图 3 - 15),而事实上金属镁能够导电。能带理论认为,Mg 原子的 3p 空轨道形成一个空能带,该能带与 3s 能带发生部分重叠,致使 3s 能带上的电子可向 3p 能带移动。所以,金属镁也有导电性。金属中最高的全充满能带叫价带(valence band),二价金属的价带和导带相重叠。

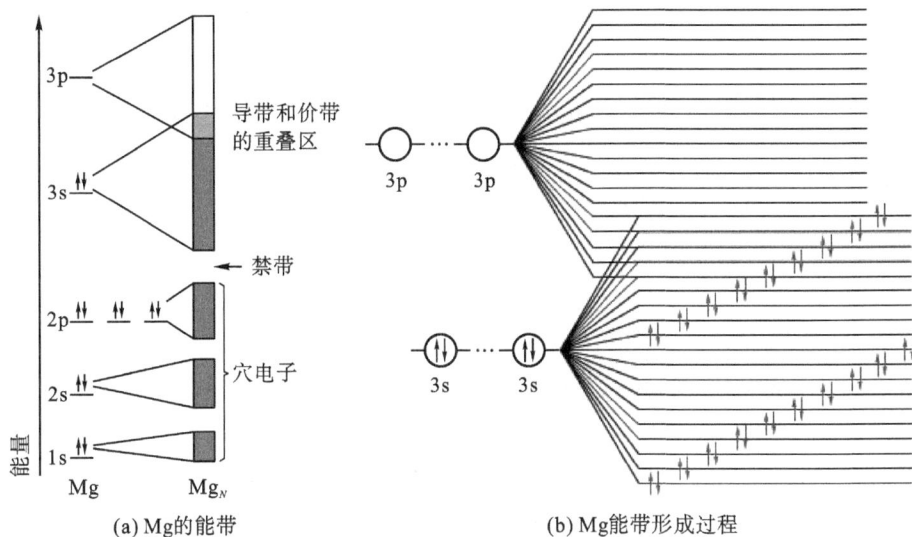

(a) Mg 的能带　　　　　(b) Mg 能带形成过程

图 3 - 10　金属镁的能带及其形成过程

　　价带与导带之间的区域叫禁带(forbidden gap)。价带与导带间的禁带的大小对区分导体、半导体和绝缘体起着十分重要的作用。导体具有半满或全空导带,全空导带与价带紧接,即禁带宽度为零,以便价带电子容易进入,见图 3 - 16。无论是哪一种情况,外电场作用下电子都会在导带中流动产生电流。绝缘体则不然,其禁带较宽,以致价带电子无法进入导带。对全充满的价带本身而言,外电场中的电子充其量只能

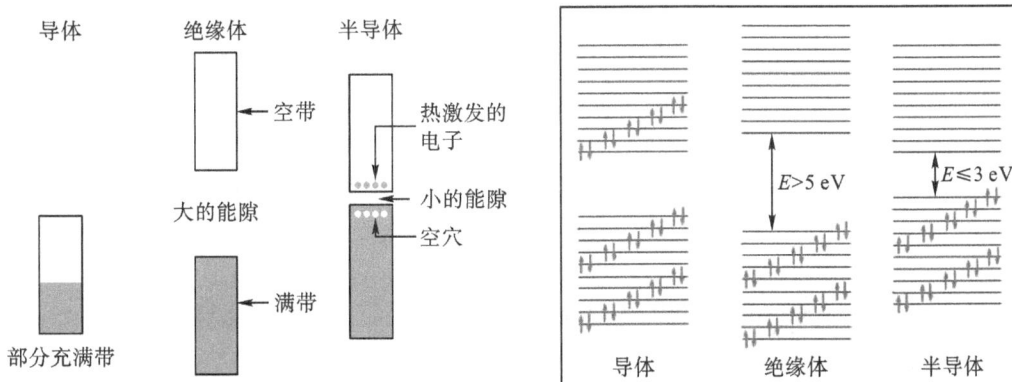

图 3 - 16　导体、绝缘体与半导体的能带

互换位置(即双向移动),而不可能产生电流。半导体的价带与导带之间存在禁带,但禁带宽度较小。少量电子甚至在室温也能跃过禁带而进入导带导电,见图 3-16。

金属导电能力随温度升高而下降,是因为随着金属离子在其平衡位置附近振动的加剧,流动中的电子与之碰撞的机会增大了。半导体则不同,随温度升高会有更多电子获得跃过禁带所需的能量而进入导带,其结果是,电导率随温度上升而增大。

思考:如何用电子海理论解释金属的物理性质?

3.2.3 金属键理论的应用

一切金属元素的单质或多或少具有下述通性:有金属光泽、不透明、有良好的导热性、导电性及延性和展性、熔点较高(除汞外在常温下都是晶体)等。这些性质是金属晶体内部结构的外在表现。

(1)金属的延展性:受外力时,金属能带不受破坏。金属键是在一块晶体的整个范围内起作用的,因此要断开金属比较困难。但由于金属键没有方向性,原子排列方式简单,重复周期短(这是由于正离子堆积得很紧密),因此在两层正离子之间比较容易产生滑动,在滑动过程中自由电子的活动性能够帮助克服势能障碍。滑动过程中,各层之间始终保持着金属键的作用,金属固然发生了形变,但不至断裂。因此,金属一般有较好的延性、展性和可塑性。

(2)金属的光泽:电子在能带中跃迁,能量变化的覆盖范围相当广泛,放出各种波长的光,故大多数金属呈银白色。或者由于自由电子几乎可以吸收所有波长的可见光,随即又发射出来,因而使金属具有通常所说的金属光泽。自由电子的这种吸光性能,使光线无法穿透金属,因此金属一般是不透明的,除非是经特殊加工制成的极薄的箔片。

(3)导电的能带有两种情形,一种是有导带,另一种是满带和空带有部分重叠,如 Be,也有满带电子跃迁进入空带中,形成导带,使金属晶体导电。

(4)金属的熔点和硬度:一般来说金属单电子多时,金属键强,熔点高,硬度大。如 W 和 Re,熔点达 3500 K,K 和 Na 单电子少,金属键弱,熔点低,硬度小。

3.3　离子键与离子晶体

3.3.1　离子键

离子晶体指的是内部的离子由离子键结合的固态物质。离子晶体中正、负离子或离子集团在空间排列上具有交替相间的结构特征,因此具有一定的几何外形。

离子键理论(ionic bond theory)认为,电离能小的金属原子和电子亲和能大的非金属原子相互靠近时失去或获得电子生成具有稀有气体稳定电子结构的正、负离子,然后通过库仑静电引力生成离子化合物。库仑力与正负离子的电荷(q^+, q^-)成正比,与正负离子间距(R)成反比。

$$f = \frac{q^+ \cdot q^-}{R^2}$$

这种正、负离子间的静电吸引力叫离子键。如 NaCl,金属 Na 的电离能小,非金属 Cl 的电子亲和能大,Na 原子与 Cl 原子相互靠近时,Na 原子失去电子形成稳定电子结构的正离子 Na^+,Cl 原子获得电子生成具有稀有气体稳定电子结构的负离子 Cl^-,然后,Na^+ 与 Cl^- 通过库仑静电引力生成离子化合物。

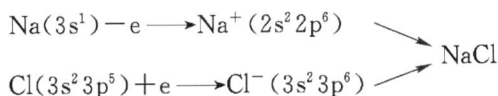

$$Na(3s^1) - e \longrightarrow Na^+(2s^2 2p^6)$$
$$Cl(3s^2 3p^5) + e \longrightarrow Cl^-(3s^2 3p^6) \searrow NaCl$$

离子键的特点是既没有方向性,也不具饱和性。正、负离子周围邻接的异电荷离子数主要取决于正、负离子的相对大小,与各自所带电荷的多少无直接关系。离子晶体整体上具有电中性,这决定了晶体中各类正离子带电量总和与负离子带电量总和的绝对值相当,并导致晶体中正、负离子的组成比和电价比等结构因素间有重要的制约关系。

因为离子键的强度大,所以离子晶体的硬度高。又因为要使晶体熔化就要破坏离子键,所以要加热到较高温度,故离子晶体具有较高的熔、沸点。离子晶体在固态时有离子,但不能自由移动,不能导电,溶于水或熔化时离子能自由移动而能导电。因此水溶液或熔融态导电,是通过离子的定向迁移导电,而不是通过电子流动而导电。

3.3.2　离子晶体的结构

1. 三种典型的 AB 型离子晶体

(1)NaCl 型结构:例如,NaCl 是正立方体晶体,Na^+ 离子

与 Cl^- 离子相间排列,每个 Na^+ 离子同时吸引 6 个 Cl^- 离子,每个 Cl^- 离子同时吸引 6 个 Na^+,所以,配位比为 6:6,见图 3-17。自然界有几百种化合物都属于 NaCl 型结构,有氧化物 MgO、CaO、SrO、BaO、CdO、MnO、FeO、CoO、NiO,氮化物 TiN、LaN、ScN、CrN、ZrN,碳化物 TiC、VC、ScC 等,所有的碱金属硫化物和卤化物(CsCl、CsBr、CsI 除外)也都具有这种结构。

不同的离子晶体,离子的排列方式可能不同,形成的晶体类型也不一定相同。离子晶体不存在分子,所以没有分子式。通常根据阴、阳离子的数目比,用化学式表示该离子晶体的组成,如 NaCl 表示氯化钠晶体中 Na^+ 离子与 Cl^- 离子个数比为 1:1,$CaCl_2$ 表示氯化钙晶体中 Ca^{2+} 离子与 Cl^- 离子个数比为 1:2。

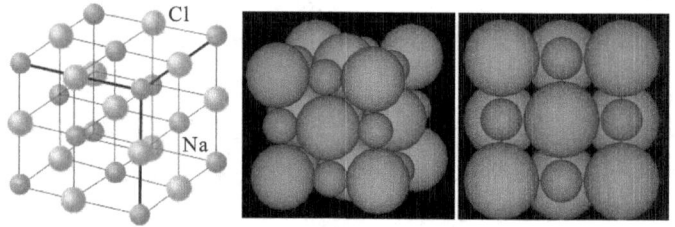

图 3-17 NaCl 型结构

(2)CsCl 型结构:CsCl 型结构是离子晶体结构中最简单的一种,属六方晶、系简单立方点阵。Cs^+ 和 Cl^- 半径之比为 0.169 nm/0.181 nm=0.933,Cl^- 离子构成正六面体,Cs^+ 在其中心,Cs^+ 和 Cl^- 的配位数均为 8,多面体共面连接,配位比为 8:8,一个晶胞内含 Cs^+ 和 Cl^- 各一个,如图 3-18 所示。

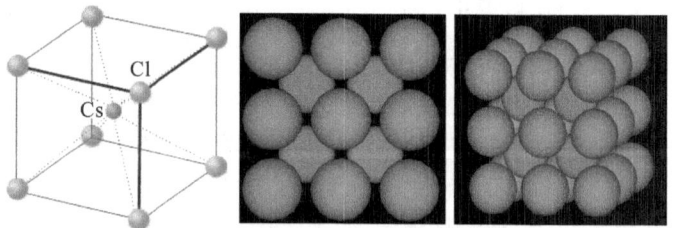

图 3-18 CsCl 型结构

(3)立方 ZnS 型结构:立方 ZnS 结构类型又称闪锌矿型(β-ZnS),属于立方晶系、面心立方点阵,如图 3-19 所示。

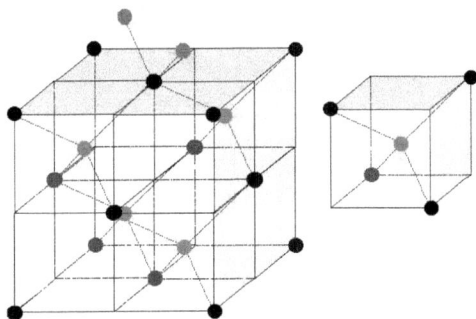

图 3-19　立方 ZnS 型结构

2. 离子半径与配位数

离子晶体的结构类型还取决于晶体中正负离子的半径比、正负离子的电荷比和离子键的纯粹程度(简称键性因素)。当离子半径大,受相反电荷离子的电场作用变成椭球形,不再维持原来的球形,离子键就向共价键过渡。

不同种类正离子配位多面体间的连接符合鲍林第四规则:在含有一种以上正负离子的离子晶体中,一些电价较高、配位数较低的正离子配位多面体之间,有尽量互不结合的趋势。或者,符合鲍林第五规则:在同一晶体中,同种正离子与同种负离子的结合方式应最大限度地趋于一致。因为在一个均匀的结构中,不同形状的配位多面体很难有效堆积在一起。

形成离子晶体时,只有当正负离子紧密靠近,晶体才能稳定。而离子的靠近程度与正负离子的半径比有关。下面以配位数为 6 的晶体为例进行分析。取其中一层横截面,如图 3-20 所示。

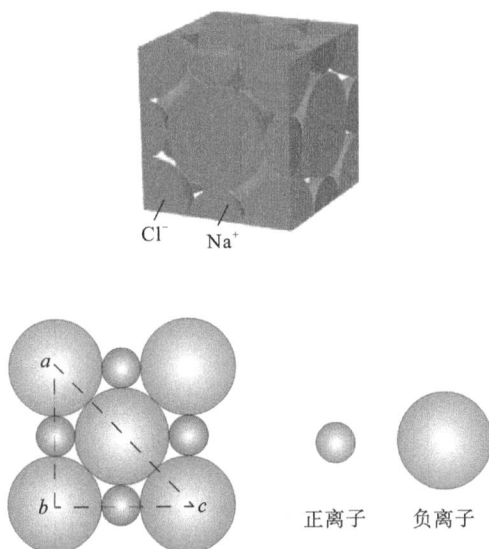

Cl^-　　Na^+

正离子　　负离子

图 3-20　配位数为 6 的晶体中一层横截面

(a) $r_+/r_- < 0.414$

(b) $r_+/r_- > 0.414$

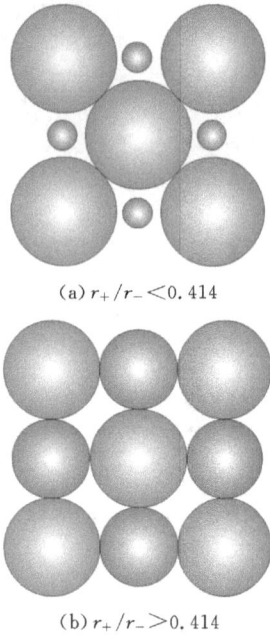

图 3 - 21　半径比与配
位数的关系

令 $r_- = 1$，则有 $ab = bc = 2 + 2r_+$，$ac = 4$。因为 $\triangle abc$ 为直角三角形，有：$(4r_-)^2 = 2(2r_- + 2r_+)^2$，即 $4^2 = 2(2 + 2r_+)^2$，所以，$r_+ = 0.414$。

也就是说，当正负离子半径比 $r_+/r_- = 0.414$ 时，正负离子直接接触，负离子也两两接触。

如果正负离子半径比 $r_+/r_- < 0.414$ 时，就会出现负离子相互接触，而正负离子接触不良，如图 3 - 21(a)所示。这种构型的稳定性较差，晶体可能会转变成配位数较低的 4：4 型结构，以保证正负离子相互接触，提高晶体的稳定性。如果正负离子半径比 $r_+/r_- > 0.414$ 时，正负离子紧密接触，而负离子之间相互不接触，如图 3 - 21(b)所示，这样构型的稳定性较好。如果正负离子半径比 $r_+/r_- > 0.732$ 时，正负离子紧密接触，正离子表面很有可能紧靠更多的负离子，使得正负离子的配位数为 8。因此，将离子半径与配位数的关系总结为表 3 - 4。

表 3 - 4　正负离子半径比与配位数的关系

正负离子半径比	配位数	构型
0.225~0.414	4	ZnS 型
0.414~0.732	6	NaCl 型
0.732~1.00	8	CsCl 型

3.3.3　晶格能

晶格能(lattice energy，ΔU)定义为气态正、负离子形成 1 mol 固体离子化合物时所放出的能量。晶格能的大小用来度量离子键的强度。晶体类型相同时，晶格能大小与正、负离子电荷数成正比，与它们之间的距离 r_0 成反比。晶格能越大，正、负离子间结合力越强，晶体的熔点越高、硬度越大。表 3 - 5 给出了几种离子化合物的晶格能和熔点。

表 3 - 5　某些离子型化合物的晶格能(ΔU)和熔点

化合物	离子的电荷	r_0/pm	ΔU/(kJ·mol^{-1})	t(m. p.)/℃
NaF	+1，-1	231	923	993
NaCl	+1，-1	282	786	801
NaBr	+1，-1	298	747	747
NaI	+1，-1	323	704	661
MgO	+2，-2	210	3791	2852
CaO	+2，-2	240	3401	2614
SrO	+2，-2	257	3223	2430
BaO	+2，-2	275	3054	1918

离子型化合物通常为晶态固体，硬度大，易击碎，熔点、沸

点高,熔化热、气化热高,熔化状态下能导电,许多(不是所有)化合物易溶于水。这些性质都可由晶格能的大小得到解释。

(1)高熔点及高硬度:由固态向熔融态的转化需要破坏离子间的强相互作用力(即破坏化学键),因而熔点比较高。破坏晶格需要较强的外力使晶体具有一定的硬度。

(2)导电性:固态时导电性很差,是由于作为电流载体的正、负离子在静电引力作用下只能在晶格结点附近振动而无法自由移动,熔化状态下导电性急剧上升,则归因于化学键遭到很大程度破坏后而产生的离子流动。固态和熔化状态下导电性均随温度升高而缓慢上升,则分别与晶体中离子振动的加剧和熔体中离子流动性的提高有关。

(3)溶解作用:晶体表面的正、负离子具有剩余势场,它们对溶剂水分子偶极的吸引导致表面离子水合,形成的水合离子随水分子的热运动离开晶体表面而导致晶体溶解。溶解度的大小不但与表面离子水合作用的强弱有关,在很大程度上也取决于晶格能。

思考:如何用晶格能解释 MgO 和 NaF 的物理性质差异?

3.3.4　离子极化及对性质的影响

孤立简单离子的电荷分布是球形对称的,不存在偶极。但当把离子置于电场中,离子的核和电子云就发生相对位移,离子变形而出现诱导偶极,这个过程称为离子的极化,如图 3-22 所示。

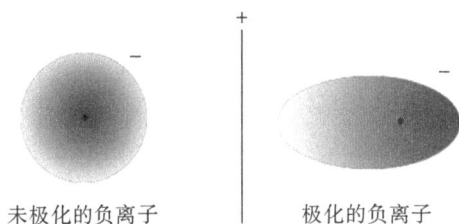

图 3-22　未极化与极化的负离子

离子极化的强弱取决于两个因素。

(1)离子的极化力:极化力是指离子产生电场使异号离子变形的能力小。离子产生的电场强度越大,离子极化能力越强。离子的极化力不仅取决于离子半径和离子电荷(离子半径越小、离子电荷越多,极化力越强),而且还与离子的电子构型有关。在半径和电荷相近时,其大小顺序是:

18、18+2 电子构型>9～17 电子构型>8 电子构型

18 电子构型:ds 区的元素及 p 区的一些元素形成的离子属于此构型。18+2 电子构型:p 区元素形成离子时往往只失

去最外层的 p 电子,而将两个 s 电子保留下来,如 Ga^+、In^+、Tl^+,Ge^{2+}、Sn^{2+}、Pb^{2+},Sb^{3+}、Bi^{3+} 等都属于此构型,其中 Tl^+、Pb^{2+} 和 Bi^{3+} 都是非常稳定的阳离子。9~17 电子构型:许多过渡元素形成的离子属于此构型,如 Ti^{3+}、V^{3+}、Cr^{3+}、Mn^{2+}、Fe^{3+}、Co^{2+}、Ni^{2+}、Cu^{2+}、Au^{3+} 等。

(2)离子的变形性:离子的变形性是指离子在电场作用下,电子云发生变形的难易程度。主要决定于离子半径、电荷及离子构型。离子半径越大,变形性越大;负离子电荷越高,变形性越大;正离子电荷越高,变形性越小;变形性也与电子构型有关,其顺序是:

18 电子构型、9~17 电子构型>8 电子构型

一般来说,正离子半径小,负离子半径大,所以,正离子极化力大,变形性小;负离子正好相反,变形性大,极化力小。当阳、阴离子都易变形时,也要考虑阴离子对阳离子的极化作用。阳离子变形后,产生的诱导偶极会加强阳离子对阴离子的极化能力,使阴离子诱导偶极增大,这种效应称为附加极化作用。

离子极化对晶体结构和化合物性质的影响主要体现在:离子极化引起化学键型过渡及离子极化对化合物性质的影响。

(1)熔、沸点:在化合物 $NaCl$、$MgCl_2$、$AlCl_3$ 中,极化力 $Al^{3+}>Mg^{2+}>Na^+$,$NaCl$ 为典型的离子化合物,而 $AlCl_3$ 接近共价化合物,所以,它们的熔点分别为 801 ℃、714 ℃和 192 ℃。

(2)溶解度:在卤化物中,溶解度按照 AgF、$AgCl$、$AgBr$、AgI 依次递减。这是由于 Ag^+ 的极化力较强,F^- 半径小,不易变形,AgF 仍然保持离子化合物的性质,故在水中易溶。随 Cl^-、Br^-、I^- 半径依次增大,变形性也依次增大,这三种卤化物的共价性依次增强,溶解度依次降低。

(3)颜色:一般来说,如果组成化合物的正、负离子都是无色的,该化合物也无色。若其中一个离子有色,则该化合物就呈现该离子的颜色。但是,如果有离子极化作用存在,相互极化作用越强,物质颜色越深。如 Ag^+ 无色,Cl^-、Br^- 和 I^- 无色,AgI 呈现黄色,这显然与 Ag^+ 较强的极化作用及 I^- 较大的变形性有关。

思考:如何解释 AgI 呈现黄色而 $AgCl$ 呈现白色?

3.4 共价键与原子晶体

3.4.1 原子晶体结构

原子晶体是由中性原子构成的晶体,是指相邻原子之间

通过强烈的共价键结合而成的空间网状结构的晶体,如金刚石、晶体硅、二氧化硅等,原子间以共价键相联系。在原子晶体中,不存在独立的小分子,而只能把整个晶体看成一个大分子。由于原子之间相互结合的共价键非常强,要打断这些键而使晶体熔化必须消耗大量能量,所以原子晶体一般具有较高的熔点,硬度较大,熔点和沸点较高,在通常情况下不导电,不易溶于任何溶剂,化学性质十分稳定,也是热的不良导体,熔化时也不导电。多数原子晶体为绝缘体,有些如硅、锗等是优良的半导体材料。

原子晶体的结构特点如下:

(1)由原子直接构成晶体,所有原子间只靠共价键连接成一个整体。

(2)由基本结构单元向空间伸展形成空间网状结构。

(3)破坏共价键需要较高的能量。

在原子晶体的晶格结点上排列着中性原子,原子间以坚强的共价键相结合,如单质硅(Si)、金钢石(C)、二氧化硅(SiO_2)、金刚砂(SiC)、金刚石(C)和氮化硼 BN(立方)等。以典型原子晶体二氧化硅晶体(SiO_2,方石英)为例,每一个硅原子位于正四面体的中心,氧原子位于正四面体的顶点,每一个氧原子和两硅原子相连。如果这种连接向整个空间延伸,就形成了三维网状结构的巨型"分子",如图 3-23 所示。

金刚石为面心立方晶胞,金刚砂(SiC)的结构与金刚石相似,只是将 C 骨架结构中与 C 相连的 4 个 C 原子换为 Si,再以 Si 为中心形成顶角为 C 的正四面体,形成 C—Si 交替的空间骨架。石英(SiO_2)结构中 Si 和 O 以共价键相结合,每一个 Si 原子周围有 4 个 O 原子排列成以 Si 为中心的正四面体,许许多多的 Si—O 四面体通过 O 原子相互连接而形成巨大分子。图 3-23(b)所示为面心立方晶胞。

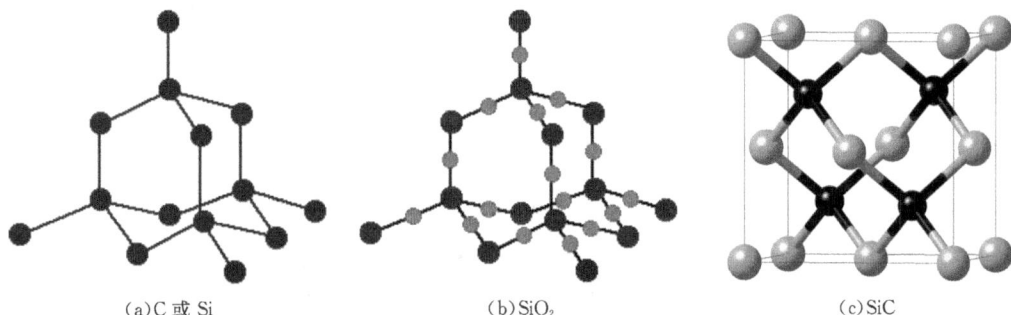

(a)C 或 Si　　　　(b)SiO_2　　　　(c)SiC

图 3-23　C 或 Si、SiO_2、SiC 的结构

原子晶体熔沸点的高低与共价键的强弱有关。一般来

说,半径越小形成共价键的键长越短,键能就越大,晶体的熔、沸点也就越高。例如以下物质的熔、沸点顺序递减:金刚石(C—C)>二氧化硅(Si—O)>碳化硅(Si—C)>晶体硅(Si—Si)。

(1)原子间形成共价键,原子轨道发生重叠。原子轨道重叠程度越大,共价键的键能越大,两原子核的平均间距——键长越短。

(2)一般说来:结构相似的分子,其共价键的键长越短,共价键的键能越大,分子越稳定。

(3)一般情况下,成键电子数越多,键长越短,形成的共价键越牢固,键能越大。在成键电子数相同,键长相近时,键的极性越大,键能越大,形成时释放的能量就越多,反之破坏它消耗的能量也就越多。

例如,金刚石是由碳原子构成的原子晶体。由于碳原子半径较小,共价键的强度很大,要破坏 4 个共价键或改变键角都需要很大能量,所以金刚石的硬度最大,熔点达 3570 ℃,是所有单质中熔点最高的。又如立方 BN 的硬度近于金刚石。

3.4.2　原子晶体特点

原子晶体中不存在分子,而只能把整个晶体看成一个大分子。用化学式表示物质的组成,单质的化学式直接用元素符号表示,两种以上元素组成的原子晶体,按各原子数目的最简比写化学式。常见的原子晶体是第ⅣA族元素的一些单质和某些化合物,例如金刚石、硅晶体、SiO_2、SiC 等(但碳元素的另一单质石墨不是原子晶体,详见 3.5.2 节)。

原子晶体的特点是,由于原子之间相互结合的共价键非常强,要打断这些键而使晶体熔化必须消耗大量能量,所以原子晶体一般具有较高的熔点、沸点和硬度,在通常情况下不导电,也是热的不良导体,熔化时也不导电,但半导体硅等可有条件地导电。原子间不再以紧密的堆积为特征,它们之间是通过具有方向性和饱和性的共价键相连接,特别是通过成键能力很强的杂化轨道重叠成键,使它的键能接近 400 kJ·mol^{-1}。原子晶体中配位数比离子晶体少。

原子晶体的类型有以下几种。

(1)某些金属单质:如晶体锗(Ge)等。

(2)某些非金属化合物:如氮化硼(BN)晶体。

(3)单质:如金刚石、晶体硅、晶体硼等。

(4)化合物:如碳化硅、二氧化硅等。

原子晶体在工业上多被用作耐磨、耐热或耐火材料。金刚石、金刚砂都是极重要的磨料；SiO 是应用极广的制造耐火材料的原料；石英和它的变体，如水晶、紫晶、燧石和玛瑙等，是工业上的贵重材料；SiC、BN（立方）、SiN 等是性能良好的高温结构材料。

3.5　分子晶体与混合晶体

3.5.1　分子晶体

构成晶体的微粒间通过分子间作用力相互作用所形成的晶体，称为分子晶体。分子晶体的微粒（是分子，不是离子）中各原子一般以共价键相结合。分子晶体晶格中的微粒是分子，分子间以分子间作用力或氢键结合。采取的是球形或近似球形的分子密堆积的方式形成晶体。

分子晶体中存在的相互作用力主要是分子间作用力，也叫范德瓦耳斯力。对于某些含有电负性很大的元素的原子和氢原子的分子，分子间还可以通过氢键相互作用（见 2.9 节）。分子晶体一般都是绝缘体，熔融状态不导电。较典型的分子晶体有非金属氢化物、部分非金属单质、部分非金属氧化物、几乎所有的酸、绝大多数有机物的晶体等。

没有氢键的分子密堆积排列，如 CO_2 等分子晶体，分子间的作用力主要是分子间作用力，以一个分子为中心，每个分子周围有 12 个紧邻的分子存在，见图 3-24(a)。还有一类分子晶体，其结构中不仅存在分子间作用力，同时还存在氢键，如冰。此时，水分子间的主要作用力是氢键，每个水分子周围只有 4 个水分子与之相邻，见图 3-24(b)，称为非密堆积结构。碘分子的晶体见图 3-24(c)。

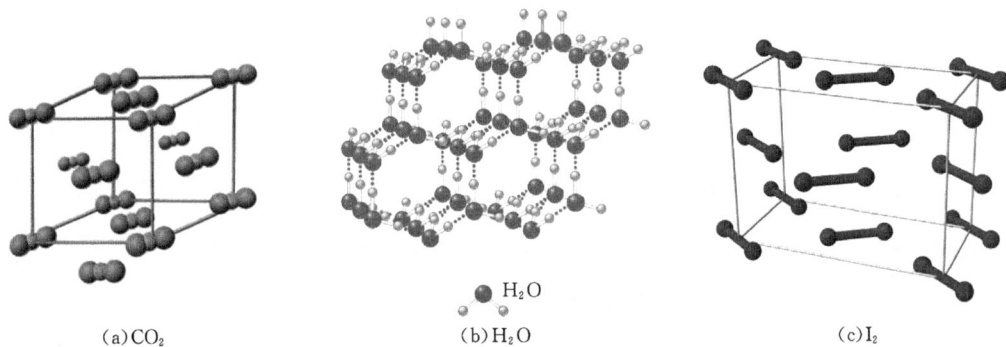

(a)CO_2　　(b)H_2O　　(c)I_2

图 3-24　典型分子晶体

分子晶体的结构特征如下。

(1)大多数共价化合物所形成的晶体为分子晶体。如：部分非金属单质、非金属氢化物、部分非金属氧化物、几乎所有的酸，以及绝大多数的有机物等都属于分子晶体。但并不是所有的分子晶体中都存在共价键，如：由单原子构成的稀有气体分子中就不存在化学键。也不是共价化合物都是分子晶体，如二氧化硅等物质属于原子晶体。

(2)由于构成晶体的微粒是分子，因此分子晶体的化学式可以表示其分子式，即只有分子晶体才存在分子式。

(3)分子晶体的微粒间以分子间作用力或氢键相结合，因此，分子晶体具有熔、沸点低，硬度、密度小，较易熔化和挥发等物理性质。

(4)影响分子间作用力的大小的因素有分子的极性和相对分子质量的大小。一般而言，分子的极性越大、相对分子质量越大，分子间作用力越强。

(5)分子晶体的熔、沸点的高低与分子的结构有关：在同样不存在氢键时，对于组成与结构相似的分子晶体，随着相对分子质量的增大，分子间作用力增大，分子晶体的熔、沸点增大；对于分子中存在氢键的分子晶体，其熔、沸点一般比没有氢键的分子晶体的熔、沸点高，存在分子间氢键的分子晶体的熔、沸点比存在分子内氢键的分子晶体的熔沸点高。

(6)分子晶体的溶解性与溶剂和溶质的极性有关：一般情况下，极性分子易溶于极性溶剂，非极性分子易溶于非极性溶剂，这就是相似相溶原理。

原子晶体与分子晶体的区别如下。

(1)构成晶体的微粒种类及微粒间的相互作用不同。构成分子晶体的微粒是分子，微粒间的相互作用是分子间作用力；构成原子晶体的微粒是原子，微粒间的相互作用是共价键。

(2)物质的物理性质(如熔、沸点和硬度)不同。一般情况下，原子晶体比分子晶体的熔、沸点高得多，硬度、密度也要大得多。

(3)导电性不同，分子晶体为非导体，但部分分子晶体溶于水后能导电；原子晶体多数为非导体，但晶体硅、晶体锗是半导体。

(4)硬度和机械性能不同，原子晶体硬度大，分子晶体硬度小且较脆。

例如，CO_2、SiO_2都属于第ⅣA族的氧化物，但两者的熔、沸点和硬度等物理性质存在较大的差异，且CO_2比SiO_2稳定得多。主要是因为CO_2是分子晶体，SiO_2是原子晶体，熔化时CO_2需破坏范德瓦耳斯力，而SiO_2需破坏化学键，所以

SiO_2 熔、沸点高。而破坏 CO_2 分子与 SiO_2 时,都是破坏共价键,$C—O$ 键能>$Si—O$ 键能,所以 CO_2 分子更稳定。

3.5.2 混合晶体——石墨

石墨与金刚石、C_{60}、碳纳米管等都是碳元素的单质,它们互为同素异形体。石墨是由碳原子构成的另一种原子晶体,是碳质元素结晶矿物,每一层碳原子之间结合较牢,但层与层之间为分子间力,结合较弱,因此容易沿层间滑移。它的结晶格架为六边形层状结构,每一网层间的距离为 335 pm,同一网层中碳原子的间距为 142 pm。属六方晶系,具完整的层状解理。解理面以分子键为主,对分子吸引力较弱,故其天然可浮性很好。

在石墨的同一层,C 原子通过 sp^2 杂化轨道形成共价键,每一个 C 原子以三个共价键与另外三个 C 原子形成三个 σ 键,键角为 120°。六个 C 原子在同一个平面上形成了正六边形的环,伸展成片层结构,这里 C—C 键的键长皆为 142 pm,正好属于原子晶体的键长范围,因此对于同一层来说,它是原子晶体,见图 3-25。

在同一平面的碳原子还各剩下一个 2p 轨道,垂直于 sp^2 杂化轨道平面,它们相互重叠,2p 电子参与形成了 π 键,这种包含着很多原子的 π 键称为大 π 键。石墨的层与层间距离约 335 pm,距离较大,是靠分子间力结合起来,即层与层之间属于分子晶体,见图 3-25。

鉴于它的特殊的成键方式,不能单一地认为是单晶体或者是多晶体,现在普遍认为石墨是一种混合晶体。所以,石墨晶体既有共价键,又有分子间力,是混合键型的晶体。

石墨由于特殊结构,而具有如下特殊性质。

(1)耐高温性:石墨熔点为 3850±50 ℃,沸点为 4250 ℃,即使经超高温电弧灼烧,重量的损失很小,热膨胀系数也很小。石墨的强度随温度提高而加强,在 2000 ℃时,石墨强度提高一倍。

(2)导电、导热性:石墨的导电性比一般非金属高一百倍。导热性超过钢、铁、铅等金属材料。导热系数随温度升高而降低,在极高的温度下,石墨成为绝热体。石墨能够导电是因为石墨中每个碳原子与其他碳原子只形成 3 个共价键,每个碳原子仍然保留 1 个自由电子来传输电荷。

(3)润滑性:石墨晶体呈鳞片状,这是在高强度的压力下变质而成的,有大鳞片和细鳞片之分。石墨的润滑性能取决于石墨鳞片的大小,鳞片越大,摩擦系数越小,润滑性能越好。

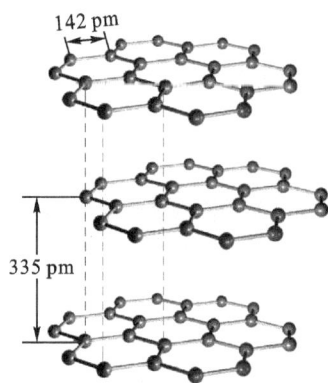

图 3-25 石墨混合晶体结构示意图

鳞片石墨矿石的特点是品位不高,一般在 2%～3%,或 10%～25%之间,是自然界中可浮性最好的矿石之一,经过多磨多选可得高品位石墨精矿。这类石墨的可浮性、润滑性、可塑性均比其他类型石墨优越,因此它的工业价值最大。

(4)化学稳定性:石墨在常温下有良好的化学稳定性,能耐酸、耐碱和耐有机溶剂的腐蚀。

(5)可塑性:石墨的韧性好,可碾成很薄的薄片。

(6)抗热震性:石墨在常温下使用时能经受住温度的剧烈变化而不致破坏,温度突变时,石墨的体积变化不大,不会产生裂纹。

致密结晶状石墨又叫块状石墨。此类石墨结晶明显、晶体肉眼可见,颗粒直径大于 0.1 mm,比表面积集中在 0.1～1 m^2/g 范围内,晶体排列杂乱无章,呈致密块状构造。这种石墨的特点是品位很高,一般含碳量为 60%～65%,有时达 80%～98%,但其可塑性和润滑性不如鳞片石墨好。

隐晶质石墨又称微晶石墨或土状石墨,这种石墨的晶体直径一般小于 1 μm,比表面积集中在 1～5 m^2/g 范围内,是微晶石墨的集合体,只有在电子显微镜下才能见到晶形。此类石墨的特点是表面呈土状,缺乏光泽,润滑性比鳞片石墨稍差。但其品位较高,一般为 60%～85%,少数高达 90%以上,一般多应用于铸造行业,主要蕴藏在湖南省郴州市鲁塘镇。随着石墨提纯技术的提高,土状石墨应用越来越广泛。

化学视野

晶体缺陷

在实际金属晶体中,存在原子不规则排列的局部区域,这些区域称为晶体缺陷。按缺陷的几何形态,晶体缺陷分为点缺陷、线缺陷和面缺陷三种。三种晶体缺陷都会造成晶格畸变,使变形抗力增大,从而提高材料的强度、硬度。如果晶体中进入了一些杂质,这些杂质也会占据一定的位置,破坏了原质点排列的周期性。在 20 世纪中期,人们发现晶体中缺陷的存在严重影响晶体性质,有些是决定性的,如半导体导电性质,几乎完全是由外来杂质原子和缺陷存在决定的。另外,固体的强度,陶瓷、耐火材料的烧结和固相反应等均与缺陷有关。晶体缺陷是近年来国内外科学研究十分关注的一个内容。

根据缺陷的作用范围,将真实晶体缺陷分为四类。

(1)点缺陷(空位、间隙原子):这种缺陷的三维尺寸均很小,只在某些位置发生,仅影响邻近几个原子。晶格中某个原子脱离了平衡位置,形成空结点,称为空位;某个晶格间隙挤进了原子,称为间隙原子,如图 3-26 所示。空位与间隙原子周围的晶格偏离了理想晶格,即发生了"晶格畸变"。点缺陷的存在,提高了材料的硬度和强度。点缺陷是动态变化的,它是造成金属中物质扩散的原因。

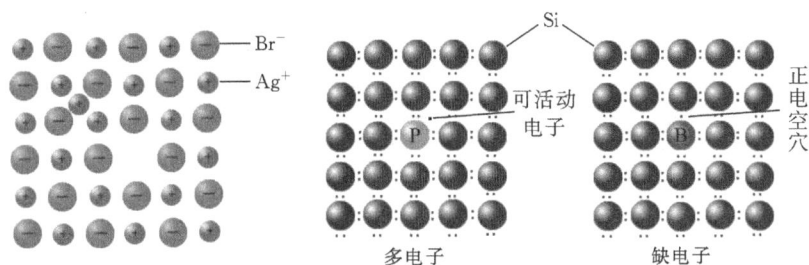

图 3-26　点缺陷造成的晶格畸变

(2)线缺陷(刃型位错、螺型位错):这种缺陷的二维尺寸小,另一维的尺寸大,可被电镜观察到。它是在晶体中某处有一列或若干列原子发生的有规律的错排现象。晶体中最普通的线缺陷就是位错。这种错排现象是晶体内部局部滑移造成的,根据局部滑移的方式不同,可以分别形成螺型位错和刃型位错。在位错周围,由于原子的错排使晶格发生了畸变,使金属的强度提高,但塑性和韧性下降。实际晶体中往往含有大量位错,生产中还可通过冷变形使金属位错增多,以有效地提高金属强度。

(3)面缺陷(晶界、亚晶界):其一维尺寸小,另二维的尺寸大,可被光学显微镜观察到。面缺陷包括晶界和亚晶界。晶界是晶粒与晶粒之间的界面。另外,晶粒内部也不是理想晶体,而是由位向差很小的称为嵌镶块的小块所组成,称为亚晶粒,亚晶粒的交界称为亚晶界。面缺陷同样使晶格产生畸变,能提高金属材料的强度。细化晶粒可增加晶界的数量,是强化金属的有效手段。晶界处的原子需要同时适应相邻两个晶粒的位向,必须从一种晶粒位向逐步过渡到另一种晶粒位向,成为不同晶粒之间的过渡层,因而晶界上的原子多处于无规则状态或两种晶粒位向的折衷位置上。晶粒之间位向差较大(大于 $15°$)的晶界,称为大角度晶界;亚晶粒之间位向差较小,亚晶界是小角度晶界。

(4)体缺陷:其三维尺寸较大,如镶嵌块、沉淀相、空洞、气泡等。

另外,按缺陷形成的原因不同可将其分为以下三类。

(1)热缺陷(晶格位置缺陷):在晶体点阵的正常格点位出现空位,不该有质点的位置出现了质点(间隙质点)。

(2)组成缺陷:外来质点(杂质)取代正常质点位置或进入

正常结点的间隙位置。组成缺陷主要是一种杂质缺陷,在原晶体结构中进入了杂质原子,它与固有原子性质不同,破坏了原子排列的周期性,杂质原子在晶体中占据填隙位、格点位两种位置。

(3)电荷缺陷:电荷缺陷(charge defect)是指晶体中某些质点个别电子处于激发状态,有的离开原来质点,形成自由电子,在原来电子轨道上留下了电子空穴。

例　p型和n型半导体。

如果杂质是周期表中第Ⅲ族中的一种元素——受主杂质,例如硼或铟,它们的价电子带都只有三个电子,并且它们导带的最小能级低于第Ⅳ族元素的传导电子能级。因此电子能够更容易地由锗或硅的价电子带跃迁到硼或铟的导带。在这个过程中,由于失去了电子而产生了一个正离子,因为这对于其他电子而言是个"空位",所以通常把它叫作"空穴",而这种材料被称为p型半导体。

如果掺入的杂质是周期表第Ⅴ族中的某种元素——施主杂质,例如砷或锑,这些元素的价电子带都有五个电子,然而,杂质元素价电子的最大能级大于锗(或硅)的最大能级,因此电子很容易从这个能级进入第Ⅳ族元素的导带。这些材料就变成了半导体。因为传导性是由于有多余的负离子引起的,所以称为n型半导体。

思 考 题

3-1　下列说法正确的是:
(1)金属晶体层与层之间的主要结合力为金属键。金属晶体中存在可以自由运动的电子,所以金属键是一种非定域键。
(2)金属晶体的熔点均比离子晶体的熔点高。
(3)常温常压下,所有金属单质都是金属晶体。
(4)层状晶体均可作为润滑剂和导电体使用。
(5)金属单质的光泽、传导性、密度、硬度等物理性质,都可以用金属晶体中存在自由电子来解释。
(6)金属晶体中不存在定域的共价键,每个原子周围配位原子的数目不受价电子数的限制。
(7)具有相同电子层结构的单原子离子,阳离子的半径往往小于阴离子的半径。
(8)离子半径是离子型化合物中相邻离子核间距的一半。
3-2　关于晶格能,下列说法正确的是:
(1)晶体都存在晶格能,晶格能越大,则物质的熔点越高。

(2)玻恩-哈伯(Born-Haber)循环是从热力学数据计算晶格能的有效方法之一。

(3)离子所带电荷越多、半径越小,则离子键就可能越强,晶格能也越大。

(4)MgO 的晶格能约等于 NaCl 晶格能的 4 倍。

3-3　金属晶体的下列性质中,不能用金属晶体的结构加以解释的是:

　　A.易导电　　　　B.易导热　　　　C.有延展性　　　D.易锈蚀

3-4　请解释为什么 Ag^+、Cd^{2+}、Hg^{2+} 等 18 电子构型离子的极化力和极化率都比较大。

3-5　说明卤化银(AgX)中化学键都过渡为共价键的原因。

3-6　简述金属晶体的三种密堆积方式,以及金属晶体中密堆积方式与其配位数和空隙的关系。

3-7　使用能带理论解释导体、半导体的作用原理。

习　题

3-1　根据晶体分类与性质区别完成下列表格。

晶体类型	组成粒子	粒子间作用	物理性质		
			熔、沸点	硬度	熔融导电性
金属晶体					
原子晶体					
离子晶体					
分子晶体					

3-2　选择回答下列问题。

(1)属于离子晶体的是:A. SiC;B. Cs_2O;C. HCl;D. CS_2。

(2)属于层状晶体的是:A. 石墨;B. SiC;C. SiO_2;D. 干冰。

(3)属于原子晶体的是:A. 晶体硅;B. 晶体碘;C. 冰;D. 干冰。

(4)晶体晶格结点上粒子间以分子间力结合的是:

　　A. KBr;B. CCl_4;C. MgF_2;D. SiC。

(5)化学式能表示物质真实分子组成的是:A. NaCl;B. SiO_2;C. S;D. CO_2。

(6)物质中熔点最高的是:A. Na;B. HI;C. MgO;D. NaF。

(7)晶体熔化时,需破坏共价键作用的是:A. HF;B. Al;C. KF;D. SiO_2。

(8)具有正四面体空间网状结构的是:A. 石墨;B. 金刚石;C. 干冰;D. 铝。

(9)既有共价键又有大 π 键和分子间力的是:A. 金刚砂;B. 碘;C. 石墨;D. 石英。

(10)熔点最高的是:A. SiO_2;B. SO_2;C. NaCl;D. $SiCl_4$。

3-3　依据晶格结点上粒子间作用力的大小,按由小至大的顺序排列 H_2S、SiO_2、H_2O 三种物质。

3-4　离子晶体中,正、负离子配位数比不同的最主要原因是什么?下列离子晶体中,正、负离子配位数比为多少? A. CsCl;B. ZnO;C. NaCl;D. AgI;E. CsBr;F. ZnO。

3-5 比较下列物质的熔点顺序。

(1)MgO、CaO、SrO、BaO;

(2)KF、KCl、KBr、KI;

(3)MgO、BaO、CO_2、CS_2;

(4)$BeCl_2$、$CaCl_2$、CH_4、SiH_4;

(5)MgO、RbCl、SrO、BaO;

(6)KCl、$CaCl_2$、$FeCl_2$、$FeCl_3$。

3-6 回答下列关于离子极化力和变形性问题。

(1)离子极化率最大的是:A. K^+;B. Rb^+;C. Br^-;D. I^-。

(2)离子中极化力最强的是:A. Al^{3+};B. Na^+;C. Mg^{2+};D. K^+。

(3)离子中变形性最大的是:A. F^-;B. Cl^-;C. Br^-;D. I^-。

(4)离子中变形性最小的是:A. F^-;B. S^{2-};C. O^{2-};D. Br^-。

(5)离子中极化力和变形性均较大的是:A. Mg^{2+};B. Mn^{2+};C. Hg^{2+};D. Al^{3+}。

(6)正离子极化力和变形性均较小的是:A. 8电子构型;B. 9~17电子构型;C. 18电子构型;D. 18+2电子构型。

3-7 请简述 $PbCl_2$ 为白色固体,PbI_2 为黄色固体,以及 $HgCl_2$ 为白色固体,HgI_2 为橙红色固体的原因。

3-8 已知 NaF、MgO、ScN(氮化钪)的晶体构型都是 NaCl 型,它们正负离子核间距依次为 231 pm,210 pm,233 pm。试估计它们的熔点和硬度的大小顺序,并简述理由。

3-9 已知下列两类晶体的熔点:

A. NaF(993 ℃),NaCl(801 ℃),NaBr(747 ℃),NaI(661 ℃);

B. SiF_4(−90.2 ℃),$SiCl_4$(−70 ℃),$SiBr_4$(5.4 ℃),SiI_4(120.5 ℃)。

试回答:

(1)为什么钠的卤化物的熔点比硅的卤化物熔点高?

(2)为什么钠的卤化物熔点递变规律和硅的卤化物熔点递变规律不一致?

3-10 对于 AgI 晶体,理论上按 $r_+/r_- =0.583$ 应属于 NaCl 型结构,实际研究得知为 ZnS 型结构,请作简要解释。

3-11 在 NaCl、AgCl、$BaCl_2$、$MgCl_2$ 中,键的离子性程度由高到低的顺序是什么?

3-12 离子晶体由带异号电荷的离子所组成,但固态时不导电,仅在熔融状态(或溶解在极性溶剂中)可导电。金属晶体则不论在固态或熔融状态都能导电。试作简要解释。

第 4 章　配位化合物结构与配位键

Chapter 4　Structure of Coordination Compound and Coordinate Bond

为什么要学习这一章?

　　金属离子或原子能够与有些化合物分子以配位键的方式形成具有光、电、热、磁特性的材料,为设计合成可控结构的分子功能材料提供强大的基础支持。

本章的核心思想是什么?

　　本章利用第 2 章的化学键理论,扩展到多个原子之间的结合或者离子与分子之间的结合。因此,要求掌握配合物的组成、定义、类型、结构特点和命名;理解配位化合物的价键理论与配合物的空间构型;了解配合物的晶体场理论要点,会用晶体场理论解释配合物的稳定性与颜色;初步掌握配合物的分子轨道理论。

需要的知识储备是什么?

　　分子结构和化学键的基础知识,以及过渡元素价电子构型。

　　配位化合物(coordination compounds,简称配合物)是化合物中较大的一个类别,广泛应用于日常生活、工业生产及生命科学研究中。配位化合物不仅与无机化合物、有机金属化合物有关,而且与现今化学研究前沿的原子簇化学、配位催化及分子生物学有很大关系。因此,配合物在催化剂、萃取剂的研究方面,在以配合物作为分子基块组装的分子材料所体现出丰富的光、电、热、磁特性方面,在基于金属配合物中金属离子间存在磁相互作用设计合成可控结构的分子功能材料方面,在近年报导的分子导线、分子导体、分子磁体、分子开关等基于过渡金属多核配合物的研究方面,等等,都取得了突破性进展。本章主要介绍配合物的基本概念、配合物的价键理论和晶体场理论,并对配位键的本质、配离子的形成进行讨论。

4.1 配合物的组成与命名

4.1.1 配合物的定义

图 4-1 的实验表明,在硫酸铜溶液中加入氨水,开始时有蓝色 $Cu(OH)_2$ 沉淀生成,当继续加氨水至过量时,蓝色沉淀溶解,变成深蓝色溶液。总反应为

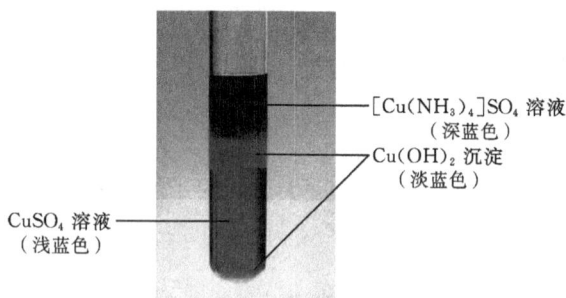

$$CuSO_4 + 4NH_3 \Longrightarrow [Cu(NH_3)_4]SO_4 \quad (深蓝色)$$

[Cu(NH₃)₄]SO₄ 溶液
(深蓝色)
Cu(OH)₂ 沉淀
(淡蓝色)
CuSO₄ 溶液
(浅蓝色)

图 4-1 硫酸铜溶液中加入氨水的实验现象

$$HgCl_2 + 2KI \Longrightarrow K_2[HgI_4]$$
$$Ni + 4CO \Longrightarrow Ni(CO)_4$$
典型配合物实例

此时溶液中除了 SO_4^{2-} 和复杂离子 $[Cu(NH_3)_4]^{2+}$ 外,几乎检查不出 Cu^{2+} 的存在。将 $[Cu(NH_3)_4]SO_4$ 这类较复杂的化合物称为配合物。由于配合物种类繁多,组成复杂,目前还没有一个严格的定义,只能从与简单化合物的对比中找到一个粗略定义。

既然简单化合物中的原子都已满足了各自的化合价,如 NH_3、H_2O 分子都是由每个原子提供一个电子形成共用电子对结合,或 $CuSO_4$ 是由离子键结合,它们都符合经典的化学键理论,那么,是什么驱动力促使它们之间形成新的一类如上述实验所示的化合物? 在它们的形成过程中,既无电子的得失,也无常规的共价键形成,不符合经典的化学键理论。由于早先人们不了解成键作用的本质,故将其称为"复杂化合物"或"分子化合物"。

所以,配合物可简单定义为:由可以给出孤对电子的分子或离子与可以接受孤对电子的原子或离子按照一定的组成和空间构型形成的化合物。配合物是由中心离子(或原子)和配位体(阴离子或分子)以配位键的形式结合而成的复杂离子(或分子),通常称这种复杂离子为配位单元。凡是含有配位单元的化合物都称为配合物。

4.1.2　配合物的组成

下面将以 $[Cu(NH_3)_4]SO_4$ 为例,讨论配合物的组成。在 $[Cu(NH_3)_4]SO_4$ 的分子结构中,Cu^{2+} 占据中心位置,称为中心离子;在中心离子 Cu^{2+} 的周围,以配位键结合着 4 个 NH_3 分子,称为配位体;中心离子与配位体构成配合物的内界(配离子),通常将内界写在方括号内;SO_4^{2-} 被称为外界,内界与外界之间是离子键,在水中全部解离,如下所示。

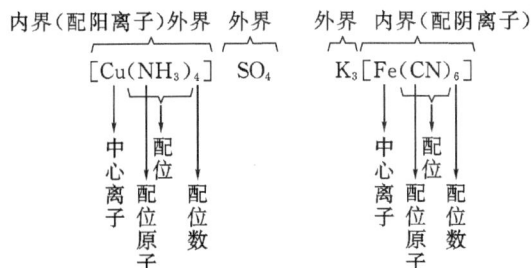

1. 中心离子(或原子)

中心离子是配合物的核心,它一般是带正电的阳离子,但也有电中性原子甚至还有极少数阴离子,如 $[Ni(CO)_4]$ 中的 Ni 是电中性原子,而 $HCo(CO)_4$ 的 Co 的氧化值是 -1。中心离子绝大多数为金属离子,其中过渡金属离子最常见。此外,少数高氧化值的非金属元素也可作中心离子,如 $[BF_4]^-$、$[SiF_6]^{2-}$ 中的 $B(\text{III})$、$Si(\text{IV})$ 等。

2. 配位体

配合物中同中心离子以配位键结合的阴离子或中性分子叫配位体。配位体中具有孤电子对、与中心离子(或原子)形成配位键的原子称为配位原子。配位原子通常是电负性较大的非金属原子,如 N、O、S、C 和卤素等原子。一些常见的配位体和配位原子列于表 4-1 中。

表 4-1　一些常见的配位体和配位原子

配位体	配位原子	配位体	配位原子
NH_3、NCS^-	N	H_2S,SCN^-,$S_2O_3^{2-}$	S
H_2O,OH^-,ONO^-	O	F^-、Cl^-、Br^-、I^-	X
ROR、CN^-、CO	C		

只含有一个配位原子的配位体称为单基配位体,如 H_2O、NH_3、X^-、CN^- 等。含有两个或两个以上配位原子并同时与一个中心离子形成配位键的配位体,称为多基配位体,如乙二

胺 $H_2NCH_2CH_2NH_2$(简记为 en)及乙二胺四乙酸根(简记为 EDTA)等,其配位情况如下:

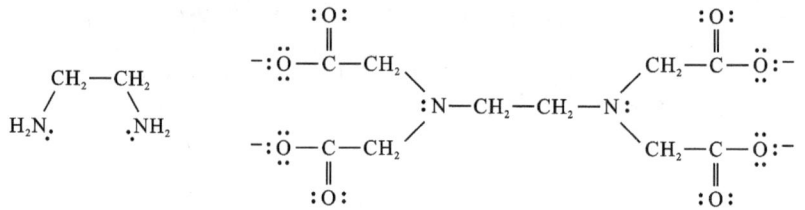

乙二胺(en),双齿配体   乙二胺四乙酸根(EDTA),六齿配体

多基配位体能与中心离子形成环状结构,像螃蟹的双螯钳起到螯合作用,因此,也称这种多基配位体为螯合剂。与螯合剂不同,有些配位体虽然也具有两个或两个以上配位原子,但在一定条件下,仅有一种配位原子与中心离子配位,这类配位体称为两可配位体。例如硫氰根(SCN$^-$,配位原子为 S)和异硫氰根(NCS$^-$,配位原子为 N)。除了有孤电子对的物质可以作为配位体以外,还有一类配位体,它本身不含孤对电子,而是提供 π 键电子,例如乙烯、苯等。

3. 配位数

配合物中直接与中心离子形成配位键的配位原子个数称为该中心离子(或原子)的配位数。一般而言,如果配合物的配位体是单基配位体,则中心离子的配位数是内界中配位体的个数。例如,配合物$[Cu(NH_3)_4]^{2+}$,中心离子 Cu^{2+} 与 4 个 NH_3 分子中的 N 原子配位,其配位数为 4。如果配合物的配位体是多基配位体,则中心离子的配位数不仅取决于配位体的个数,还与多基配位体所含的配位原子个数有关。在配合物$[Zn(en)_2]SO_4$ 中,中心离子 Zn^{2+} 与两个乙二胺分子结合,而每个乙二胺分子中有两个 N 原子配位,故 Zn^{2+} 的配位数为 4。因此应注意配位数与配位体数的区别。

在一定条件下,中心离子往往具有各自的特征配位数。多数金属离子的特征配位数是 2、4 和 6 等。配位数为 2 的如 Ag^+、Cu^+ 等;配位数为 4 的如 Cu^{2+}、Zn^{2+}、Ni^{2+} 等;配位数为 6 的如 Fe^{3+}、Fe^{2+}、Al^{3+}、Pt^{4+}、Cr^{3+}、Co^{3+} 等。形成配合物时,影响中心离子的配位数是多方面的,主要决定于中心离子(或原子)和配位体的性质——电荷、电子层结构、离子半径和它们间相互影响的情况,以及配合物形成时的温度和浓度等外部条件。一般有以下规律:

（1）对同一配位体，中心离子（或原子）的电荷越高，吸引配位体孤对电子的能力越强，配位数就越大，如$[Cu(NH_3)_2]^+$和$[Cu(NH_3)_4]^{2+}$；中心离子（或原子）的半径越大，则其周围可容纳的配位体数越多，配位数也就越大，如$[AlF_6]^{3-}$和$[BF_4]^-$。

（2）对同一中心离子（或原子），配位体的半径越大，中心离子周围可容纳的配位体数越少，配位数越小，如$[AlF_6]^{3-}$和$[AlCl_4]^-$；配位体所带的负电荷越高，则在增加中心离子与配位体之间引力的同时，也增强了配位体之间的相互排斥力，总的结果使配位数减小，如$[Zn(NH_3)_6]^{2+}$和$[Zn(CN)_4]^{2-}$。

（3）一般而言，增大配位体的浓度，有利于形成高配位数的配合物；温度升高，常会使配位数减小。如Fe^{3+}在与SCN^-形成配离子时，随着SCN^-浓度的增加，可以形成配位数为$1\sim6$的配离子。

4. 配离子的电荷

配离子的电荷数等于中心离子和配位体电荷的代数和。例如在$[Co(NH_3)_6]^{3+}$、$[Cu(en)_2]^{2+}$中，配位体都是中性分子，所以配离子的电荷等于中心离子的电荷。在$[Fe(CN)_6]^{4-}$中，中心离子Fe^{2+}的电荷为$+2$，6个CN^-的电荷为-6，所以配离子的电荷为-4。如果形成的是带正电荷或负电荷的配离子，那么为了保持配合物的电中性，必然有电荷相等符号相反的外界离子同配离子结合。因此，由外界离子的电荷也可以计算出配离子的电荷。例如$K_2[HgI_4]$中配离子的电荷为-2。

思考：如何确定中心离子以多齿配体配位时的配位数？

4.1.3　配合物的命名

与简单化合物的命名类似，配合物命名时先阴离子后阳离子，阴、阳离子名称之间加"化"或"酸"字。所以，可以按一般无机酸、碱和盐的命名方法写出配合物的名称。若配合物的外界是简单离子的酸根（如Cl^-），则称为某化某；若外界是复杂离子的酸根（如SO_4^{2-}），则称某酸某；若外界为氢离子，则称为某酸；若外界为氢氧根离子，则称为氢氧化某。配合物命名比一般无机化合物复杂的地方在于配合物的内界——配离子。

配离子按下列规则命名：配位体数-配位体名称（不同配体之间以圆点"·"分开）-合-中心离子名称-中心原子的氧化数

（罗马数字）。

若有几种阴离子配位体,命名顺序是:简单离子→复杂离子→有机酸根离子;同类配位体按配位原子元素符号英文字母顺序排序。各配位体的个数用数字一、二、三……写在该种配位体名称的前面。不同配位体之间以"·"隔开。下面是一些配合物的命名实例。

（1）配阴离子配合物:称"某酸某"或"某酸"。

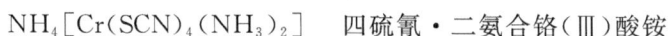

$K_4[Fe(CN)_6]$ 六氰合铁（Ⅱ）酸钾

$K_3[Fe(CN)_6]$ 六氰合铁（Ⅲ）酸钾

$H[AuCl_4]$ 四氯合金（Ⅲ）酸

$NH_4[Cr(SCN)_4(NH_3)_2]$ 四硫氰·二氨合铬（Ⅲ）酸铵

（2）配阳离子配合物:称"某化某"。

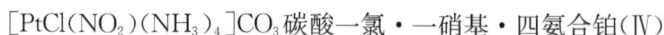

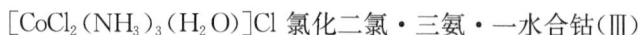

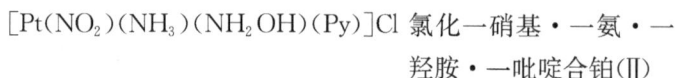

$[Co(NH_3)_6]Br_3$ 溴化六氨合钴（Ⅲ）

$[PtCl(NO_2)(NH_3)_4]CO_3$ 碳酸一氯·一硝基·四氨合铂（Ⅳ）

$[CoCl_2(NH_3)_3(H_2O)]Cl$ 氯化二氯·三氨·一水合钴（Ⅲ）

$[Pt(NO_2)(NH_3)(NH_2OH)(Py)]Cl$ 氯化一硝基·一氨·一羟胺·一吡啶合铂（Ⅱ）

（3）中性分子配合物:

$[Ni(CO)_4]$ 四羰基合镍

$[PtCl_2(NH_3)_2]$ 二氯·二氨合铂（Ⅱ）

有些配合物至今还沿用习惯命名,如 $K_4[Fe(CN)_6]$ 叫黄血盐或亚铁氰化钾,$K_3[Fe(CN)_6]$ 叫赤血盐或铁氰化钾,$[Ag(NH_3)_2]^+$ 叫银氨配离子。

思考:氯化一硝基·二氨·一吡啶合铂（Ⅱ）的配合物离子化学式是什么?

4.1.4 配合物的类型

配合物分为简单配合物与螯合物。简单配合物是由单基配位体与一个中心离子形成的配合物。

螯合物是由中心离子与多基配位体形成的环状结构配合物,也称为内配合物。配位体中两个配位原子之间相隔二到三个其他原子,以便与中心离子形成稳定的五元环和六元环。例如,Cu^{2+} 与乙二胺 $H_2N—CH_2—CH_2—NH_2$ 能形成如下的螯合物。

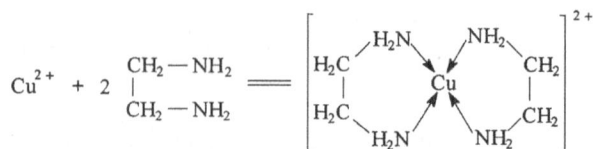

螯合物结构中的环称为螯环,能形成螯环的配位体叫螯

合剂,如乙二胺(en)、草酸根、乙二胺四乙酸(EDTA)、氨基酸等均可作螯合剂。螯合物中,中心离子与螯合剂分子或离子的数目之比称为螯合比。上述螯合物的螯合比为1:2。螯合物的环上有几个原子称为几元环,上述螯合物含有两个五元环。

　　金属螯合物与具有相同配位原子的非螯合型配合物相比,具有特殊的稳定性,这种特殊的稳定性是由于形成环状结构而产生的。将这种由于螯环的形成而使螯合物具有特殊稳定性的效应称为螯合效应。例如,中心离子、配位原子和配位数都相同的两种配离子$[Cu(NH_3)_4]^{2+}$、$[Cu(en)_2]^{2+}$,其 K_f 分别为$2.3×10^{12}$ 和 $1.0×10^{20}$。螯合物的稳定性与环的大小和多少有关,一般来说五元环、六元环最稳定,一种配位体与中心离子形成的螯合物的环数目越多越稳定。如 Ca^{2+} 与 EDTA 形成的螯合物中有五个五元环结构(图4-2),因此很稳定。

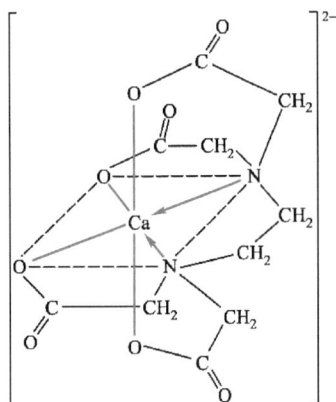

图 4-2　Ca^{2+} 与 EDTA 形成的螯合物结构

4.2　配合物的价键理论

　　配合物的化学键理论是用来阐明中心原子(离子)与配位体键合的本质、中心原子的配位数、配合物的立体结构、配合物的热力学性质及动力学性质、光谱性质和磁性质等。实际上,配合物的化学键理论就是研究配离子单元内中心离子(或原子)与配体之间相互作用本质的理论。目前配合物的化学键理论主要有静电理论(electrostatic theory,EST)、价键理论(valence bond theory,VBT)、晶体场理论(crystal field theory,CFT)、配体场或配位场理论(ligand field theory,LFT,即改进的晶体场理论)、分子轨道理论(molecular orbital theory,MOT)、角重叠模型(angular overlap model,AOM)等。本节主要介绍价键理论、晶体场理论和配位场理论。

4.2.1　配合物价键理论的要点

　　(1)配合物的中心离子(或原子)与配位体之间是以配位键结合的。配位体为电子对给予体,中心离子(或原子)为电子对接收体。配位体的配位原子将孤对电子填入中心离子(或原子)的空轨道形成配位键。

　　(2)为了形成稳定的配合物,中心离子以杂化轨道的形式与配位体形成配位键。常见的杂化轨道为 sp、sp^3、dsp^2、sp^3d^2 和 d^2sp^3 等。

　　(3)形成配位键时所用杂化轨道的类型决定了配离子的空间结构、稳定性和中心离子的配位数,见表4-2。

表 4-2 配合物的杂化轨道与空间构型

配位数	杂化类型	空间构型	实 例
2	sp	直线	$[Cu(NH_3)_2]^+$、$[Ag(NH_3)_2]^+$、$[Ag(CN)_2]^-$
3	sp^2	平面三角形	$[HgI_3]^-$、$[CuCl_3]^{2-}$
4	sp^3	四面体	$[Zn(CN)_4]^{2-}$、$[Zn(NH_3)_4]^{2+}$、$[Co(SCN)_4]^{2-}$、$[BF_4]^-$
	dsp^2	平面正方形	$[Cu(NH_3)_4]^{2+}$、$[Ni(CN)_4]^{2-}$、$[Pt(NH_3)_2Cl_2]$
5	dsp^3	三角双锥体	$[Ni(CN)_5]^{3-}$、$Fe(CO)_5$、$[CuCl_5]^{3-}$
6	sp^3d^2	八面体	$[CoF_6]^{3-}$、$[Fe(H_2O)_6]^{2+}$、$[Cr(H_2O)_6]^{3+}$、$[Cr(NH_3)_6]^{3+}$
	d^2sp^3		$[Fe(CN)_6]^{4-}$、$[Cr(CN)_6]^{3-}$、$[Co(NH_3)_6]^{3+}$、$[PtCl_6]^{4-}$

4.2.2 不同配位数的配离子的形成过程

1. 配位数为 2 的配离子

氧化值为 +1 的离子常形成配位数为 2 的配合物。如 Ag^+ 的配合物 $[Ag(NH_3)_2]^+$，中心离子 Ag^+ 的核外电子排布为 $[Kr]4d^{10}$，4d 轨道已全充满，5s 和 5p 轨道全空，当它与 NH_3 配位时，按照杂化轨道理论，5s 轨道与 1 个 5p 轨道进行杂化，形成两个能量相等的 sp 杂化轨道，用以接收 NH_3 分子中 N 原子上的孤对电子，形成 2 个 σ 配位键，$[Ag(NH_3)_2]^+$ 的空间构型为直线形。形成过程的示意图如图 4-3 所示。

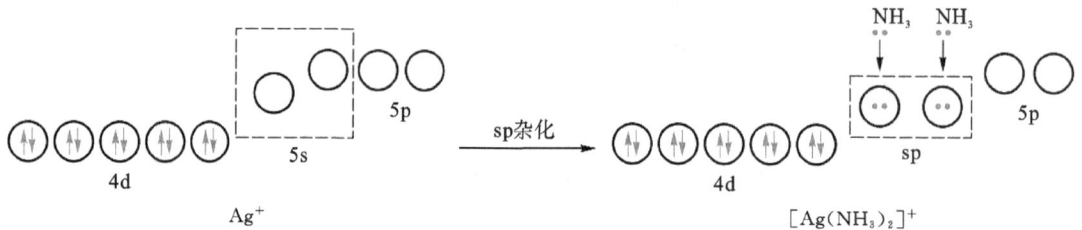

图 4-3 配位数为 2 的配离子的形成过程

2. 配位数为 4 的配离子

配位数为 4 的配离子所采用的杂化轨道类型及相应空间构型有两种情况。一种是以 sp^3 杂化轨道成键的配合物，构型为四面体；另一种是以 dsp^2 杂化轨道成键的配合物，构型为平面正方形。

如 $[Ni(NH_3)_4]^{2+}$，Ni^{2+} 的价电子构型为 $3d^8 4s^0 4p^0$，当 Ni^{2+} 与 NH_3 配位时，1 个 4s 和 3 个 4p 轨道进行杂化，形成 4 个能量相同的 sp^3 杂化轨道，再与 4 个 NH_3 分子中 4 个 N 原子上的孤对电子形成 4 个 σ 配位键，$[Ni(NH_3)_4]^{2+}$ 的空间构

型为正四面体。其形成过程示意图如图 4-4 所示。

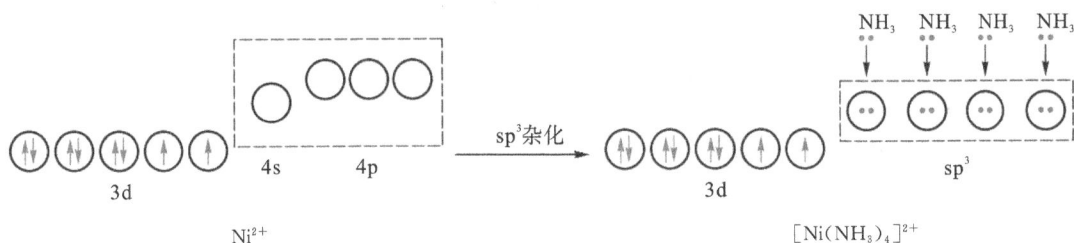

图 4-4　配位数为 4 的配离子(正四面体)的形成过程

又如$[Cu(NH_3)_4]^{2+}$，Cu^{2+}的价电子构型为$3d^9 4s^0 4p^0$，当Cu^{2+}与NH_3配位时，1 个 3d 轨道上的单电子被激发跃迁到 4p 轨道，空出的 1 个 3d 轨道和 4s、4p 轨道进行杂化，形成 4 个能量相同的dsp^2杂化轨道，再与 4 个NH_3分子中 4 个 N 原子上的孤对电子形成 4 个 σ 配位键，$[Cu(NH_3)_4]^{2+}$的空间构型为平面正方形。其形成过程示意图如图 4-5 所示。

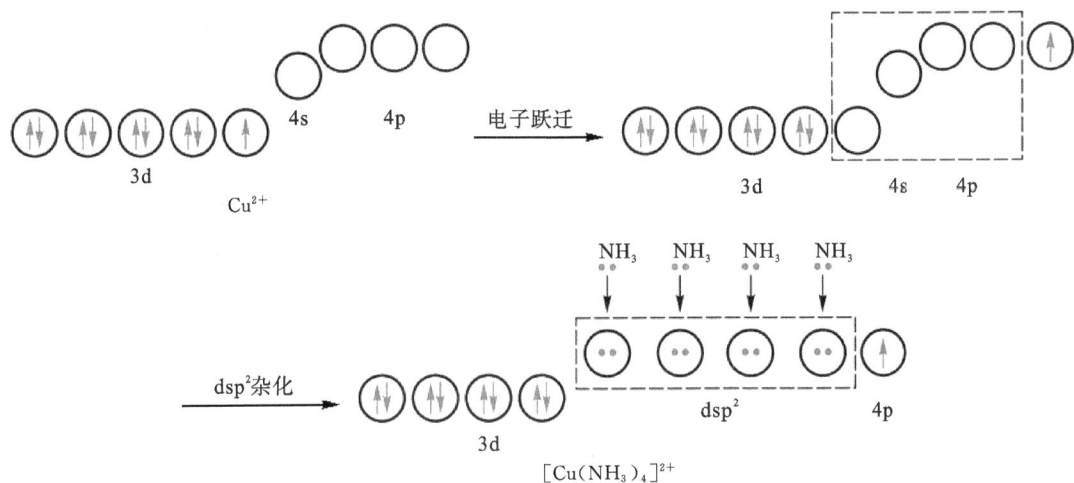

图 4-5　配位数为 4 的配离子(平面正方形)的形成过程

3.配位数为 6 的配离子

配位数为 6 的配离子通常采用d^2sp^3和sp^3d^2两种杂化轨道类型，其空间构型大多为八面体。Fe^{3+}的价电子构型为$3d^5 4s^0 4p^0 4d^0$。当Fe^{3+}与F^-配位形成$[FeF_6]^{3-}$时，它的内层电子结构不受配位体的影响，以外层空间的 1 个 4s、3 个 4p 及 2 个 4d 轨道进行杂化，形成 6 个相同的sp^3d^2杂化轨道，分别接受 6 个F^-的孤电子对，形成稳定的配位键。当Fe^{3+}与CN^-配位形成配离子$[Fe(CN)_6]^{3-}$时，Fe^{3+}的 d 电子由于受到CN^-强烈的排斥作用而发生重排，5 个 d 电子挤压成对而空出 2 个 3d 轨道,采取 d^2sp^3 杂化接受 6 个 CN^- 的孤电子对成键。其形成过程示意图如图 4-6 所示。

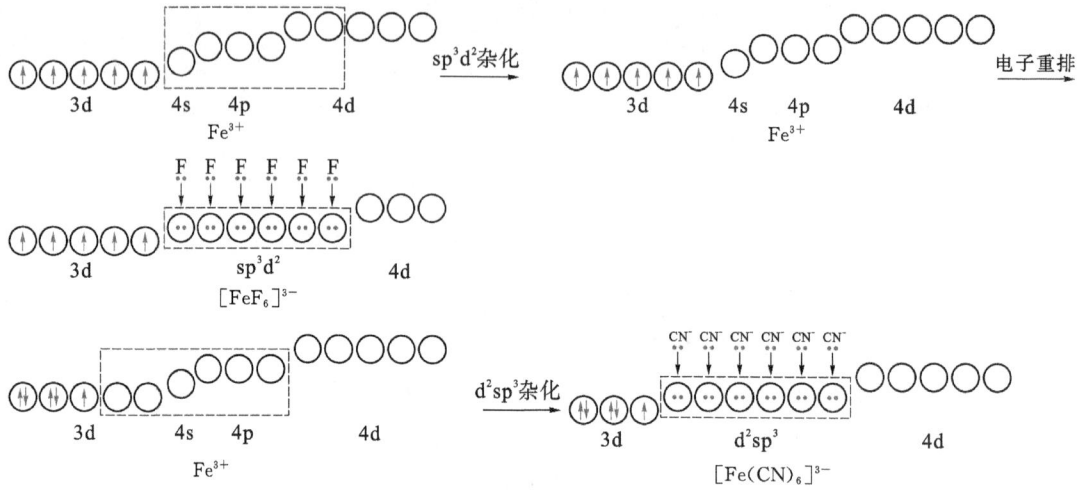

图 4-6 配位数为 6 的配离子的形成过程

如果中心离子(或原子)的内层电子结构在形成配合物时不受配位体的影响,而是以外层空轨道进行杂化,这样形成的配合物称为外轨型配合物,又称高自旋配合物,即是采用 sp、sp^3、sp^3d^2 等杂化轨道成键的配合物,例如 $[Zn(NH_3)_4]^{2+}$、$[FeF_6]^{3-}$ 等;如果中心离子的内层电子结构受到配位体的影响发生重排,形成杂化轨道时涉及内层空轨道,这样形成的配合物称为内轨型配合物,也称低自旋配合物,即采用 dsp^2 或 d^2sp^3 等杂化轨道成键的配合物,例如 $[Cu(NH_3)_4]^{2+}$、$[Ni(CN)_4]^{2-}$、$[Fe(CN)_6]^{3-}$ 等。一般而言,同一中心离子(或原子)的内轨型配合物比外轨型配合物更稳定,这是因为配位体提供的孤对电子深入到中心离子的内层轨道,从而形成的配位键较强,致使配合物更具稳定性。例如 $[Fe(CN)_6]^{3-}$ 和 $[FeF_6]^{3-}$ 的稳定常数的对数值分别为 52.6 和 14.3。

配合物是外轨型或内轨型取决于中心离子的价层结构和配位原子的电负性。如果中心离子的 d 轨道为全充满,配位原子的电负性无论是大还是小,都只能形成外轨型配合物。如果中心离子的 d 轨道未充满,形成哪种配合物取决于配位原子的电负性。一般认为,当配位原子的电负性很大,不易给出电子对时,中心离子的价层轨道不发生变化,这类配位原子(如 F、O 等)与中心离子配位时,形成外轨型配合物;当配位原子电负性较小,易给出孤对电子时,对中心离子的价层轨道影响较大,可使 d 电子发生重排。因此,含有这类配位原子的配位体(如 CN^- 等)与中心离子配位,通常形成内轨型配合物。

此外,配合物是内轨型还是外轨型,也可根据磁矩 μ 来判断。根据磁学理论,中心离子(或原子)如果有单电子,由于电子自旋产生的自旋磁矩不能抵消,就表现出顺磁性,且单电子越多,磁矩越大;若无单电子,在外加磁场中表现出反磁性。配合物磁性的大小以磁矩 μ 表示,它与单电子数 n 有如下关系:

$$\mu \approx \sqrt{n(n+2)} \text{ (B. M.)} \tag{4-1}$$

B. M. 为玻尔磁子,$1 \text{B. M.} = 9.274 \times 10^{-24}$ J/T(T 为磁通密度单位特斯拉)。实验测得 $[FeF_6]^{3-}$ 和 $[Fe(CN)_6]^{3-}$ 的磁矩分别为 4.92 B. M. 和 1.73 B. M.,代入式(4-1),可求得 n 分别为 5 和 1,表示 Fe^{3+} 与 6 个 F^- 配位时,5 个 3d 电子未发生重排,故采用 sp^3d^2 杂化轨道成键,为外轨型配合物;Fe^{3+} 与 CN^- 配位时,5 个自旋平行的 3d 电子发生重排,变为只有 1 个单电子,所以是 d^2sp^3 杂化,形成内轨型配合物。

尽管配合物的价键理论简单明了,使用方便,能直观地说明配合物的形成、配位数、空间结构及稳定性等,曾是 20 世纪 30 年代化学家用以说明配合物结构的唯一方法,但它尚不能定量地说明配合物的性质,如不能解释过渡金属的配合物大多数都有一定的颜色,也不能说明同一过渡系的金属从 $d^0 \sim d^{10}$ 所形成的配合物稳定性的变化规律等;同时它也不能说明配合物的吸收光谱。

思考:配合物的空间构型和磁性与中心离子杂化形式的关联性是什么?

4.3　配合物的晶体场理论

4.3.1　配合物的晶体场理论要点

配合物的晶体场理论由贝特(Bethe)和范弗莱克(van Vleck)先后在 1929 年和 1932 年提出,但直到 20 世纪 50 年代才开始广泛用于处理配合物的化学键问题。该理论首先在具有离子键的晶体中应用,因而称为晶体场理论,其基本要点如下。

(1)在配合物中,中心离子处于配位体形成的晶体场中,它与配位体完全靠静电作用相结合。

(2)在配位体静电场的作用下,中心离子 5 个能量相同的 d 轨道由于受周围配位体负电场不同程度的排斥作用,能级发生分裂,有些轨道能量降低,有些轨道能量升高,配位体电场的这种作用称为配位场效应。d 轨道分裂的情况主要取决于中心离子的性质和配位体的空间构型。

(3)由于 d 轨道能级的分裂,d 轨道上的电子重新分布,体系能量降低,变得比原来稳定,即给配合物带来了额外的稳定化能。在构型各异的配合物中,由于 d 轨道能级分裂的情况不同,也就产生不同的晶体场稳定化能(crystal field stablization energies,CFSE)和附加成键效应(指除中心离子和配位体由于静电引力形成配合物的结合能外,电子进入分裂后的低能级轨道带来的能量下降)。下面以八面体场的情况为例,简单介绍晶体场理论。

4.3.2 中心离子 d 轨道在正八面体场中的分裂及其影响因素

1. d 轨道在正八面体场中的分裂

过渡金属离子的 d 轨道在空间有 5 种角度分布,见图 4 - 7。在自由离子状态时(即没有外电场时),同一电子层中的 5 个 d 轨道虽然空间分布不同,但它们的能量相同(简并轨道或等价轨道)。如果中心离子处于球形对称的负电场的球心上,由于负电场的静电排斥作用,轨道的能量就会升高。电场对 5 条简并 d 轨道的静电斥力也是均匀的,d 轨道能量不会发生能级分裂。如果将离子置于配体的电场中(非球形对称),因 5 个 d 轨道受到的静电排斥作用不完全相同,d 轨道的能量虽然都会升高,但升高的幅度不同。受排斥作用大的轨道能量升高得多一些,受排斥作用小的能量升高得少一些,即原来五重简并的 d 轨道发生了能级分裂,分裂的情况与配体的空间分布有关。

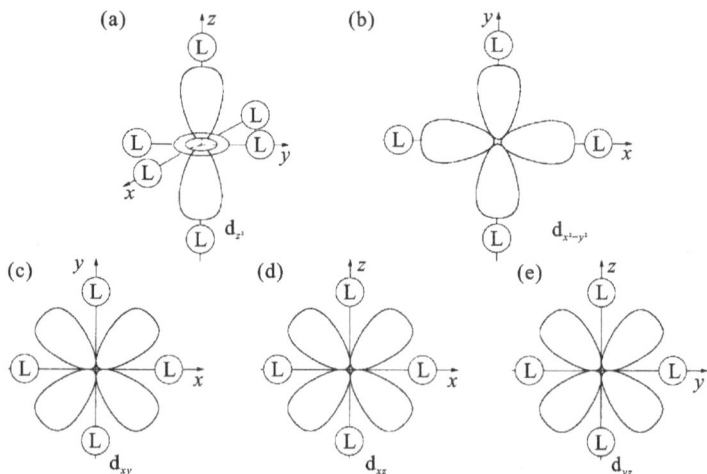

图 4 - 7 八面体场中 d 轨道和配体 L 的相对取向示意图

可以将八面体的构建分为四个阶段(如图 4 - 8 所示)。

阶段Ⅰ:假设 M^{n+} 是一个小型的阳离子,配体所提供的 6 对孤对电子相当于 12 个电子的作用($12e^-$),当配体与金属相距无限远时,金属的 d 电子可以等同地占据 5 个简并 d 轨道中的任意一个。

阶段 Ⅱ:如果由配体组成的带负电荷的静电场是一个以 r_{M-L} 为半径的球形对称场,M^{n+} 处于球壳中心,球壳表面上均匀分布着 $12e^-$ 的负电荷,原先自由离子中的 d 电子不管处于哪一个 d 轨道仍受到等同的作用,因此 5 个 d 轨道并不改变其简并状态,只是在总体上提高了能量。

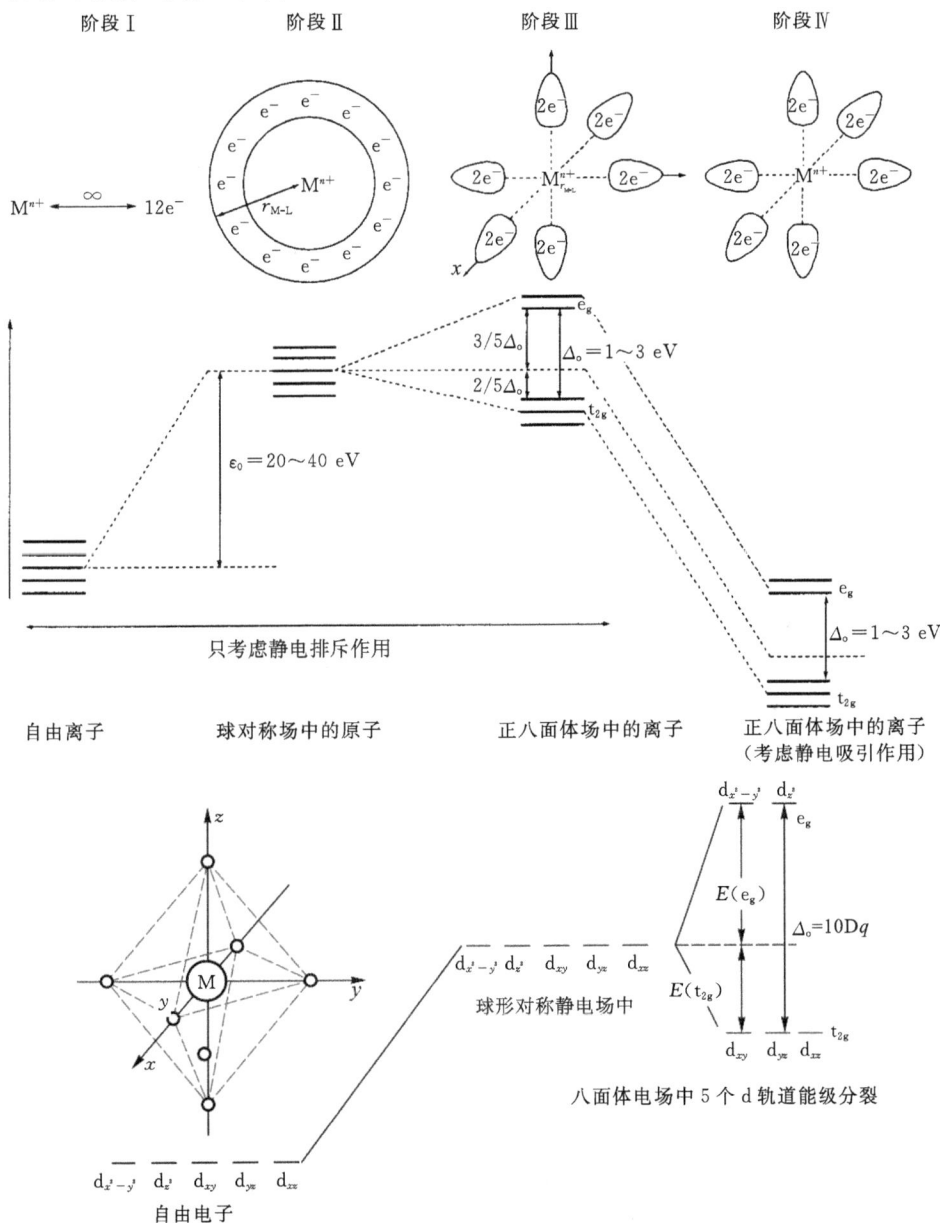

图 4-8　正八面体场的中心离子 d 轨道能级的分裂情况

阶段 Ⅲ:当改变负电荷在球壳上的分布,将它们集中在球内接正八面体的 6 个顶点上,每个顶点所分布的电荷为 $2e^-$。由于球壳上的总电量仍为 $12e^-$,不会改变对 d 电子的总排斥力,因而不会改变 5 个 d 轨道的总能量,但是单电子处在不同轨道时所受的排斥力不再完全相同,即 5 个 d 轨道将不再处于简并状态。当形成八面体配合物时,配体构成八面体场。

由于 $d_{x^2-y^2}$ 轨道沿 x 轴和 y 轴伸展,d_{z^2} 轨道沿 z 轴伸展,d_{xy}、d_{yz}、d_{xz} 分别沿 x、y、z 轴的夹角平分钱伸展,6 个配位体分别沿 $\pm x$、$\pm y$、$\pm z$ 方向接近中心离子时,$d_{x^2-y^2}$、d_{z^2} 两轨道正好与配位体负电荷迎头相碰,受到的排斥作用大,导致轨道能量上升;而 d_{xy}、d_{yz}、d_{xz} 三个轨道的电子云则插入配位体负电荷的空隙间,受到的斥力小,相对于球形对称场能量降低。因此,d 轨道在配位体场的作用下会分裂为两组:一组是 d_{xy}、d_{yz}、d_{xz} 三重简并轨道,称为 t_{2g} 轨道;另一组是 $d_{x^2-y^2}$ 及 d_{z^2} 二重简并轨道,称为 e_g 轨道。两组轨道的能量差记作 Δ_o(下标 "o" 表示八面体场)或 $10Dq$(Dq 称为场强参数),相当于一个电子从 t_{2g} 轨道跃迁至 e_g 轨道所需要的能量,称为分裂能。

应注意到,在阶段 I 至 III 中,当只考虑金属的 d 电子与配体所带负电荷发生静电排斥作用时,5 个 d 轨道作为一个整体(在球对称场中),其能量应该升高为 $20 \sim 40$ eV;而在八面体场中,两组 d 轨道之间的能量间隔只有 $1 \sim 3$ eV($10000 \sim 30000$ cm^{-1})。即使由于 d 电子占据有利的 t_{2g} 轨道,获得比球对称场更大的晶体场稳定化能(CFSE)增益,但是从总能量的角度考虑,似乎不利于形成配合物。然而实验事实告诉我们,在一定条件下,大多数过渡金属离子倾向于形成配合物,即形成配合物将使体系获得有利的能量增益。

阶段 IV:当考虑 M-L 之间的静电吸引作用时,在配体形成的八面体场的作用下(相当于形成六个离子键),体系的能量重心将下降至低于自由离子的能量,由此会获得体系的能量增益。

根据量子力学中"重心不变"原理,d 轨道在分裂前后总能量保持不变,即 4 个 e_g 电子升高的能量总和必然等于 6 个 t_{2g} 电子降低的能量总和,于是对八面体场有:

$$4E(e_g) + 6E(t_{2g}) = 0Dq \qquad 得 \qquad \begin{cases} E(e_g) = 6Dq \\ E(t_{2g}) = -4Dq \end{cases}$$

$$\Delta_o = E(e_g) - E(t_{2g}) = 10Dq$$

当一个电子填入八面体场 t_{2g} 轨道时,体系能量降低 $4Dq$,而当有 1 个电子填入八面体场 e_g 轨道,体系能量升高 $6Dq$,在数值上,分裂能相当于八面体场 1 个电子由 t_{2g} 轨道跃迁到 e_g 轨道上所需的激发能。

思考：配合物中心离子 d^6 在八面体场中的电子排布的可能形式是什么？

2. 影响分裂能的因素

当电子处在 t_{2g} 轨道上，吸收一定频率的光能后从低能级跃迁到高能级 e_g，这种跃迁称为 $t_{2g}-e_g$ 跃迁。当电子回到低能级时，发射出与吸收时相同频率的光波，通过光谱实验测出频率 ν，再应用 $\Delta_o = E = h\nu$ 公式，即可求得分裂能 Δ_o 的值。通过对大量配合物进行光谱实验研究，发现分裂能的大小与配合物的空间构型、配位体的性质、中心离子的电荷及该元素所在的周期有关。

(1)空间构型的影响：不同构型的配合物分裂能不同(图 4-9)，一般而言关系如下：

正方形分裂能$(17.42Dq)>$八面体分裂能$(10Dq)>$四面体分裂能$(4.45Dq)$。

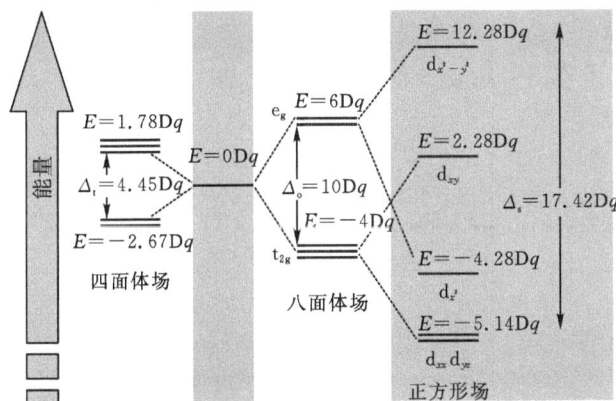

图 4-9　中心离子 d 轨道能级在不同场的正的分裂情况

(2)中心离子的影响：相同构型的配合物，若配位体相同，中心离子的周期数越大，离子半径越大，越容易在晶体场的作用下改变其能量，其配合物的 Δ_o 值也越大。另外，中心离子价数越高，对配位体的诱导偶极越大，晶体场相应增强，其分裂能 Δ_o 值也越大。

(3)配位体的影响：若中心离子相同，配位体不同，那么分裂能 Δ_o 随配位体不同而变化，大致顺序为 $I^-<Br^-<S^{2-}<SCN^-<Cl^-<NO_3^-<F^-<OH^-<C_2O_4^{2-}<H_2O<NCS^-<EDTA^{4-}<NH_3<en<NO_2^-$（硝基）$<CN^-<CO$，这个顺序叫"光谱化学序列"。在序列后面的一些配位体(如 CN^-、CO 等)称为强场配位体，分裂能较大；在此序前面的配位体(如 X^-、S^{2-} 等)称为弱场配位体，分裂能较小；介于二者之间的配位体称为中场配位体。

（4）中心离子 d 电子排布的影响：在自由状态的过渡金属离子中，电子的排布是遵循洪德定则的，即 d 电子在五个简并轨道中尽可能分占各个轨道且自旋平行，这样能量最低。表 4-3 列出了在正八面体配合物中 d 轨道上电子在不同场强时的排布情况。在晶体场中，d 轨道发生能级分裂后，d 电子如何排布，主要取决于下列两个因素：

①洪德定则说明电子的正常倾向是保持成单，为了使两个电子能在同一轨道中成对，就需要有足够大的能量来克服这两个电子占同一轨道所产生的排斥力，这种能量称为电子成对能（P）；

②根据晶体场理论，一电子从 t_{2g} 轨道跃迁到 e_g 轨道上需要吸收能量，该能量称为分裂能（Δ_o）。

由此可见，中心离子 d 电子的排布方式，主要取决于电子成对能和分裂能的相对大小。在正八面体的配合物中，当配位体为强场时，$\Delta_o > P$，电子将优先排布在能量较低的 t_{2g} 轨道上，单电子数少，形成低自旋配合物；当配位体为弱场时，$\Delta_o < P$，电子将尽可能分占在 t_{2g} 和 e_g 轨道上，单电子数多，形成高自旋配合物。

表 4-3　中心离子 d 电子在八面体场中的分布及对应的晶体场稳定化能

d 电子数	弱场 t_{2g}	弱场 e_g	未成对电子数	CFSE/Dq	强场 t_{2g}	强场 e_g	未成对电子数	CFSE/Dq
d^1	↑		1	−4	↑		1	−4
d^2	↑ ↑		2	−8	↑ ↑		2	−8
d^3	↑ ↑ ↑		3	−12	↑ ↑ ↑		3	−12
d^4	↑ ↑ ↑	↑	4	−6	↑↓ ↑ ↑		2	−16
d^5	↑ ↑ ↑	↑ ↑	5	0	↑↓ ↑↓ ↑		1	−20
d^6	↑↓ ↑ ↑	↑ ↑	4	−4	↑↓ ↑↓ ↑↓		0	−24
d^7	↑↓ ↑↓ ↑	↑ ↑	3	−8	↑↓ ↑↓ ↑↓	↑	1	−18
d^8	↑↓ ↑↓ ↑↓	↑ ↑	2	−12	↑↓ ↑↓ ↑↓	↑ ↑	2	−12
d^9	↑↓ ↑↓ ↑↓	↑↓ ↑	1	−6	↑↓ ↑↓ ↑↓	↑↓ ↑	1	−6
d^{10}	↑↓ ↑↓ ↑↓	↑↓ ↑↓	0	0	↑↓ ↑↓ ↑↓	↑↓ ↑↓	0	0

4.3.3　晶体场的稳定化能

在晶体场的影响下发生能级分裂的 d 电子进入分裂后的轨道,与未分裂时的平均能量相比,体系的总能量有所下降,我们称相应的下降能量为晶体场稳定化能($CFSE$),它的 SI 单位为 J。能量降低得愈多,配合物愈稳定。根据分裂后 d 轨道的相对能量可以计算出配合物的晶体场稳定化能。

对于正八面体场,其计算公式为

$$E_{CFSE} = -4Dq \times n_t + 6Dq \times n_e \qquad (4-2)$$

式中,n_t、n_e 分别为进入 t_{2g} 和 e_g 轨道的电子数。

由此可知晶体场稳定化能与中心离子的电荷数有关,也与晶体场的强弱有关。CFSE 造成了中心离子与周围配位体的成键效应,这份"额外"的成键效应导致体系总能量下降,配合物稳定性增强。晶体场理论能较好地解释价键理论所不能说明的问题,下面简单介绍几点。

(1)解释过渡金属配合物的颜色。过渡金属配合物大多有鲜明的颜色,如 $[Cr(H_2O)_6]^{3+}$ 呈绿色,$[Co(NH_3)_6]^{2+}$ 为红色,$[Cu(NH_3)_4]^{2+}$ 呈深蓝色等。晶体场理论认为,由于 d 轨道未完全充满,电子吸收光能后可在 e_g 和 t_{2g} 轨道间发生跃迁,称为 d-d 跃迁,d-d 跃迁的能量就是分裂能。一般分裂能为 $1.99 \times 10^{-15} \sim 5.96 \times 10^{-15}$ J,相当于 λ 位于 $330 \sim 1000$ nm 的可见光区,所以电子对紫外光区到可见光区吸收频率的变化就是分裂能 Δ_o 的变化。吸收光的波长不同 Δ_o 值也不同。配合物吸收可见光的一部分,没有被吸收的那部分光则透过,人们看到的是透过光的颜色。吸收光的波长越短,表示电子跃迁所需的能量越大,即 Δ_o 越大;吸收光的波长越长,则 Δ_o 越小。例如图 4-10,水溶液中的 $[Ti(H_2O)_6]^{3+}$ 吸收了蓝、绿光和部分黄光(波长 $500 \sim 560$ nm),所以呈现紫红色;而 $[Cu(NH_3)_4]^{2+}$ 因为吸收最多的是橙色的光(波长 $600 \sim 650$ nm)所以呈现深蓝色。又如

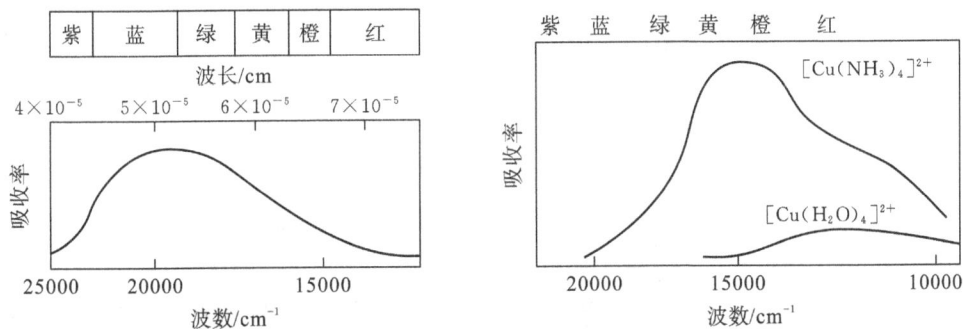

图 4-10　水溶液中的 $[Ti(H_2O)_6]^{3+}$ 和 $[Cu(H_2O)_4]^{2+}$ 的颜色与光的吸收

$[Ni(H_2O)_6]^{2+}$ 因吸收红光而呈绿色等。由上所述,可以预测 d 轨道为全空或全满时,不可能发生 d–d 跃迁,而事实的确如此,如 $[Zn(NH_3)_4]^{2+}$ 和 $[Ag(NH_3)_2]^+$ 均为无色配合物。

(2)解释过渡金属配合物的稳定性。晶体场稳定化能的大小说明了配合物的稳定性。因为配位场越强,配位体与中心离子的结合越牢固,形成的配位键也就越强,配离子就越稳定。例如,Fe^{2+} 的 6 个电子在弱场配位体 H_2O 分子的作用下,4 个 d 电子进入 t_{2g} 轨道,2 个电子在 e_g 轨道上,CFSE $= [4 \times (-4Dq) + 2 \times 6Dq] = -4Dq$;在强配位场 CN^- 离子的作用下,6 个 d 电子全部进入 t_{2g} 轨道,CFSE $= 6 \times (-4Dq) = -24Dq$,说明 $[Fe(CN)_6]^{4-}$ 比 $[Fe(H_2O)_6]^{2+}$ 稳定得多。

(3)预测配合物的自旋状态。配合物是高自旋还是低自旋,晶体场理论认为是由分裂能 Δ_o 和电子成对能 P 的相对大小决定的。一般来讲,如果中心离子相同,其中的 d 电子数也相同,在强场中($\Delta_o > P$),电子跃迁需要较高的能量,所以 d 电子将尽可能占据能量较低的轨道,形成低自旋配合物;在弱场中($\Delta_o < P$),电子成对需要较高的能量,所以 d 电子尽可能占据较多的自旋平行轨道,形成高自旋配合物。

4.3.4 晶体场理论的缺陷

晶体场理论在构建一个关于配合物中 d 电子行为的模型上有重要意义,它可定性地说明配合物的吸收光谱、稳定性、磁学性质及结构畸变等许多问题,但它对于化学键所提供的信息价值不大,在定量分析方面存在不少问题。晶体场理论更不能解释为什么电中性的 CO 能跟许多金属原子形成稳定的金属羰基化合物。对于配位化学中的某些重要实验事实(如光谱化学序列和电子云扩展效应等)仍然不能圆满地解释,定量计算的结果与实际情况往往相差甚远。这是由于该理论建构的物理模型过于简单,完全忽略了配位体与中心离子之间的共价作用,尤其忽略了配合物中的 π 成键作用。

纯静电作用的观点与某些谱学实验结果相矛盾。例如在许多过渡金属配合物的电子自旋共振(electron spin resonance,ESR)波谱中可以观察到主要来自偶极–偶极作用的超精细结构,它们既可来自于配体中配位原子的自旋核,也可来自金属原子自身的自旋核。其中配体的超精细分裂是中心金属未成对 d 电子的自旋磁矩和配体的核自旋磁矩相互作用产生的,说明金属 d 电子在配位体上有一定程度的分布。实验结果表明,即使是离子性很强的配合物 $[MnF_6]^{4-}$, Mn^{2+} 的未成对 d 电子大约在每个 F^- 上有 2% 的分布概率,这就说明了 d 电子的离域,即存在共价相互作用。实验还发现,在大多数情况下,由 ESR 实验测得的配合物旋轨耦合参数 λ 通常小于相应自由离子的 λ ,配位键的共价成分越高,$\lambda_{配合物}/\lambda_{自由离子}$ 就越小,因此,当采用自由离子的 λ 值按晶体场理论进行有关 ESR 参数计算时,通常不能与 ESR 实验测得的相应数据很好吻合。

另一个实验事实是,配合物中 d 电子间的静电排斥能大约只是它们在自由离子中的 70%,表明 d 电子并不是完全定域在原先的轨道上。

4.4　配合物的分子轨道理论

配位化合物的分子轨道理论(molecular orbital theory, MOT)是用分子轨道理论的观点和方法解释金属离子和配位体成键作用。分子轨道理论与晶体场理论的不同之处是考虑了原子轨道的重叠和共价键的形成。它认为中心原子的原子轨道与配体轨道可组合成离域分子轨道,充分考虑了中心原子与配体轨道的重叠和配键的共价性。根据分子轨道理论同样可以得到中心原子 d 轨道发生能级分裂的结论。在处理配合物的结构问题时,分子轨道理论具有很多优点,可以给出较好的结果,但在应用中需要进行繁琐复杂的计算。这里介绍几个主要的结果。

4.4.1　配合物分子轨道理论要点

描述配合物分子状态的主要指标是 M 的价层电子波函数 Ψ_M 与配位体 L 的分子轨道 Ψ_L 组成的分子轨道 Ψ

$$\Psi = c_M \Psi_M + \sum c_L \Psi_L$$

式中,c_M 和 c_L 为常数。

分子轨道理论把配合物分子作为一个整体来讨论。对配合物分子轨道的描述方法与对一般多原子分子的描述基本相似,只是比前者稍微复杂一点。配合物分子中的电子像其他分子中的电子一样,在遍及整个分子的范围内运动,即在一定的分子轨道中运动。分子轨道由中心原子和配体原子轨道线性组合(以一定方式相互重叠)而成,分子轨道就是分子中电子的空间运动状态。

为了有效地组成分子轨道,参与组合的原子轨道必须满足下列三个原则:

(1)对称性匹配原则。即只有对称性相同(原子轨道波函数符号相同)的原子轨道才能组合成分子轨道。

(2)能量近似原则。即只有能量相近的原子轨道才能有效地组合成分子轨道。而且原子轨道的能量越相近,这种组合越有效。

(3)最大重叠原则。即原子轨道重叠程度越大,越能有效地组合成分子轨道。

上述三个原则中,对称性匹配原则是首要的,它是决定原子轨道能否有效组合成分子轨道的必要条件。而能量近似原则和最大重叠原则,则是在满足对称性匹配原则的前提下,决定原子轨道组合效率的充分条件。在由原子轨道建立分子轨道时,通常只考虑价层原子轨道。这是因为内层轨道充满电子,它们组成的分子轨道也将充满电子,成键电子与反键电子数目相等,能量的降低与升高互相抵消,对组成分子基本上不起作用,可以认为它们仍然保持原子轨道的状态。

分子轨道理论不仅可以解释包括羰基配合物、π 配合物等特殊配合物在内的配位键的形成,还可以计算出所形成配合物分子轨道能量的高低,从而可以定量地解释配合物的某些物理和化学性质。但是,分子轨道理论计算配合物中分子轨道的能量需要冗长的计算,是繁琐甚至困难的事情。通常采用近似或简化处理的方法得到分子轨道能量的相对高低。

下面以过渡金属的正八面体配合物为例进行讨论。

过渡金属有九个价电子轨道,即五个 nd 轨道、一个 ns 轨道和三个 np 轨道。当六个配体沿坐标轴接近中心原子时,由于 $(n-1)d_{x^2-y^2}$、$(n-1)d_{z^2}$、ns、np_x、np_y、np_z 六个轨道角度分度的极大值在 $\pm x$、$\pm y$、$\pm z$ 六个方向上。与 ML_6 型八面体配合物中的六个配体所处方向一致,因此组成十二个 σ 分子轨道,其中六个为成键分子轨道,六个为反键分子轨道。中心原子的 d_{xy}、d_{xz}、d_{yz} 三个轨道夹在三个坐标轴之间,故不能形成 σ 键。在不形成 π 键的配位体中,这三个轨道为非键分子轨道。图 4-11 是过渡金属离子与无 π 轨道的配体形成的八面体型配位体中分子轨道的近似能级图。

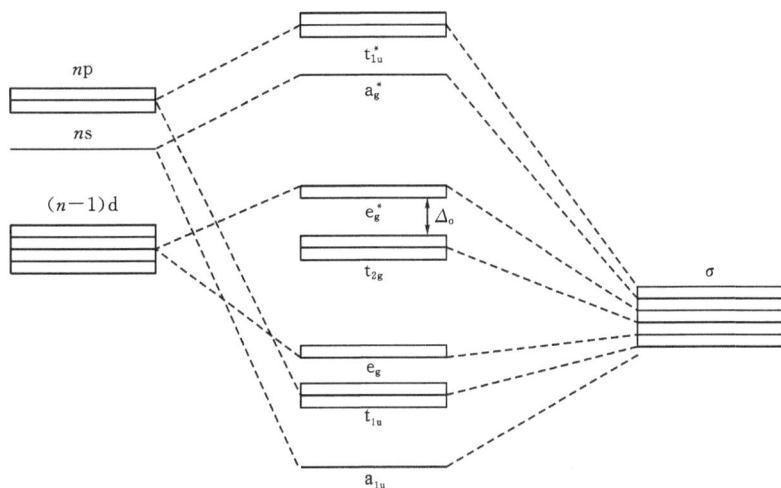

图 4-11　八面体配合物的分子轨道能级图

4.4.2　中心离子与配体之间存在 π 相互作用

金属离子和配体除了发生 σ 键合外，还能进行 π 键合。下面同样以正八面体配合物为例，讨论 M-L 间的 π 键合情况。

金属离子的 π 轨道：d_{xy}、d_{xz}、d_{yz} 三个轨道不直接指向配体，因此不能形成 σ 键。但可以与配体的 π 轨道发生电子云重叠。

配体可有如下所示三种类型的 π 轨道。

(1)垂直于中心原子-配体 σ 键轴的 p_π 轨道。因为这些轨道中已经填满电子，所以能量较低。它们能向中心离子提供 π 电子。

(2)与中心原子的 d 轨道位于同一平面的 d_π 轨道，即 d_{xy}、d_{xz}、d_{yz} 轨道，都是能量较高的空轨道。它们能够接受中心离子反馈的 π 电子。

(3)与中心原子的 d 轨道位于同一平面的成键 π 轨道或反键 π^* 轨道，主要是反键 π^* 空轨道。它们能够接受中心离子反馈的 π 电子。

图 4-12 为八面体型配位体中的中心原子的 t_{2g} 轨道之一与配体三种类型的 π 轨道发生键合的示意图。图 4-12(a)表示中心原子的一个 t_{2g} 轨道与配体 π 轨道 p_x 和 p_y 之间的 π 键合；图 4-12(b)表示中心原子的 t_{2g} 轨道之一与配体的 d_π 轨道之一间的 π 键合；图 4-12(c)表示中心原子的一个 t_{2g} 轨道与配体(如 CO)的 π^* 反键分子轨道之间的 π 键合。

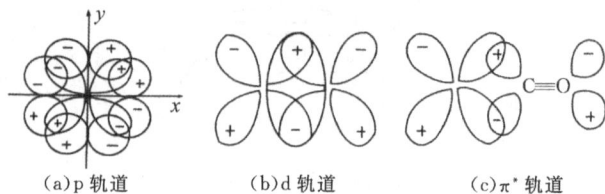

(a)p 轨道　　　　(b)d 轨道　　　　(c)π* 轨道

图 4-12　中心原子的 t_{2g} 轨道之一与配体的不同轨道键合成 π 键

4.4.3　π 键的形成对分裂能的影响

对于八面体型配位体,中心原子与配体之间形成 π 键对分裂能 Δ_o(10Dq)的影响,存在下述两种情况。

1. 配体→金属 π 配键

若配体 π 轨道充满电子,且比中心原子原来的 t_{2g} 轨道能级低,则它们之间组成 π 分子轨道的情况如图 4-13 所示。在这种情况下,由于配体提供的 π 电子充满了成键 π 分子轨道 t_{2g},所以中心原子 t_{2g} 轨道上的电子填入反键 π* 分子轨道 t_{2g}^*,从而使分裂能 10Dq 变小。这样的配体一般位于光谱化学序列中弱场一端,此类配体的例子有 F^-、O^{2-}、OH^-、H_2O 等。这种情况形成 π 键时,由配体提供 π 电子,形成配体→金属 π 配键。

2. 金属→配体 π 配键

若配体的 π 轨道是空的,且比中心原子原来的 d 轨道能级高,则它们之间形成金属→配体 π 配键,如图 4-13 所示。这种情况形成 π 键时中心原子提供 π 电子,配体接受 π 电子,形成金属→配体 π 配键,所以这种 π 键称为反馈 π 键或反配位键。反馈 π 键的形成加强了中心原子与配体之间的化学键。在这种情况下,由于中心原子 t_{2g} 轨道上的电子填入能级较低的成键 π 分子轨道 t_{2g},从而使分裂能 10Dq 增大。这样的配体一般位于光谱化学序列中强场一端,此类配体的例子有具有 d_π 空轨道的 R_3P(膦)、AsR_3(胂)、R_2S(硫醚)等。如磷和硫原子有空的 3d 轨道,与带正电的金属离子相比,能级比中心原子 d 轨道的能级高,生成的成键 t_{2g} 轨道主要具有金属 t_{2g} 轨道的特征,在能量上比仅考虑 σ 成键作用时低;而反键 t_2^* 轨道主要具有配体的特征,相对于 π 成键作用前能量上升,但由于这些轨道无电子填充,无能量损失,所以这种类型的 π 配键能通过增加键能而稳定配合物。前已述及,e_g^* 轨道的能级不受 π 相互作用的影响而保持不变,这样 e_g^* 轨道与 t_{2g} 轨道的能级差比仅考虑 σ 成键作用时大。

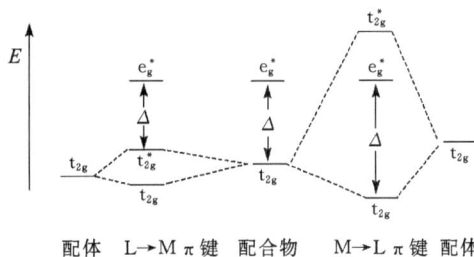

配体　L→M π 键　配合物　M→L π 键　配体

图 4 - 13　形成 π 时的能级分裂

对于卤素离子 Ir^-、Br^-、Cl^-，既有充满的 π 轨道可以充当给予体，又有空的 π 轨道可以起接受体的作用；而 CN^-、CO、NO 等，既有充满的 π 分子轨道可以充当给予体，又有空的 $π^*$ 分子轨道可以起接受体的作用，它们与金属的相互作用哪一种更重要呢？根据它们在光谱化学序列中的位置，可以推测：对于卤素离子 Ir^-、Br^-、Cl^- 给予作用重要；而对于 CN^-、CO、NO 等，空的 $π^*$ 分子轨道起接受体的作用重要。

4.4.4　MOT 理论解释光谱化学序列

利用分子轨道理论可以比较完满地解释光谱化学序列。依据 MOT，有下列两个方面的因素对分裂能 Δ 值大小有影响。

（1）中心原子与配体间 σ 配键产生的效应。在 σ 键合的配体 → 金属中，如果配体是强 σ 电子给予体，则 e_g 成键分子轨道的能量下降，e_g^* 反键分子轨道的能量相应上升，因此分裂能 Δ 值增大，配位场较强。例如，H^-、CH_3^- 形成的键很强，故有很大的 Δ 值，H^-、CH_3^- 为强场配体。

（2）中心原子与配体间 π 配键产生的效应。当配体为强的 π 电子接受体，能形成金属→配体 π 配键，则 t_{2g} 轨道的能量下降，使分裂能 Δ 增大；若配体为强的 π 电子给予体，能形成配体→金属 π 配键，则 t_{2g}^* 轨道的能量升高，使分裂能 Δ 减小。

因此，强 σ 电子给予体与强 π 电子接受体相结合，将产生小的分裂能；而弱 σ 电子给予体与强 π 电子给予体相结合，将产生大的分裂能。据此就可以较为合理地解释光谱化学序列。如按照分裂能的大小下列重要配体形成 π 键的特性与光谱化学序列的关系为：

强 π 电子给予体（Cl^-、Br^-、I^-、SCN^-）＜弱 π 电子给予体（F^-、OH^-）＜很小或无 π 相互作用的配体（H_2O、NH_3）＜弱 π 电子接受体（Phen）＜强 π 电子接受体（NO_2^-、CN^-、CO）。

1. CO 和 CN^- 为强场配体的原因分析

CO 和 CN^- 通过分子的 $π^*$ 轨道和 M 的 t_{2g} 轨道形成 π 键，增大了 $Δ_o$，是强场配位体。图 4 - 14 显示了轨道叠加，由有电子的 d 轨道向空轨道提供电子,形成配键。

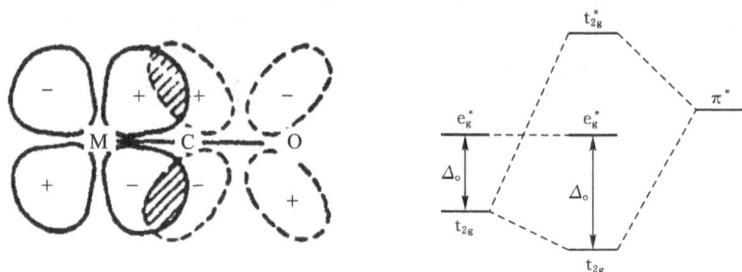

图 4-14　金属离子的 t_{2g} 轨道与 π^* 形成配键

2. Cl^-、F^- 为弱场配体的原因分析

Cl^-、F^- 等的 p 轨道和 M 的 d 轨道形成 π 键,缩小了 Δ_o,是弱场配体。图 4-15 显示了轨道叠加,由有电子的轨道向空轨道提供电子,形成配键。

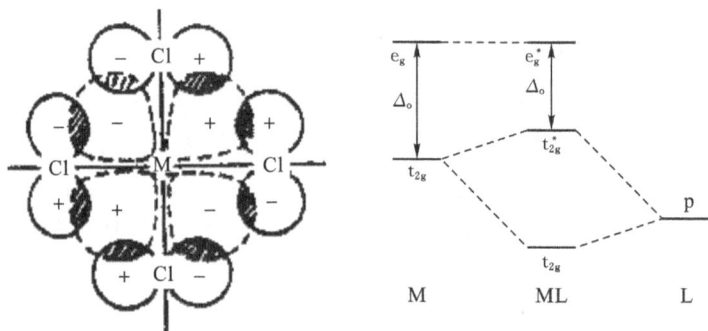

图 4-15　金属离子的 t_{2g} 轨道与 π^* 形成配键

　　MOT 理论把中心原子和配体看作相互联系的整体,即着眼于分子的整体性,所以在处理配合物的化学键问题时,MOT 理论考虑问题最严格且最全面。它既能解决晶体场理论可以解决的问题,又能解决晶体场理论不能解决的问题。原则上讲,MOT 理论既适用于静电作用形成的配合物,也适用于有一定共价性乃至典型的共价性配合物。然而 MOT 定量计算很复杂,而且在计算过程中不得不采用近似处理,因而得到的结果只是近似的。

　　以上介绍的配合物的几种化学键理论各有优缺点,在处理较为复杂的配合物体系时,常常几种理论并用,彼此取长补短,以便能够比较满意地说明配合物的结构和性质。

化学视野

金属有机化合物

　　金属有机化合物是指金属与碳原子以各种键直接相互结

合的一类化合物,也就是说,在金属有机化合物中一定包含有
M — C 键(M 为金属)。金属有机化学已经成为无机化学、有
机化学、结构化学、配位化学及生物化学等多学科相互渗透、
共同发展的交叉学科,也是目前非常活跃的新型研究领域之
一。按照 M—C 键的类型进行分类,可以将它们分为离子型
金属有机化合物及共价型金属有机化合物。元素周期表中不
同金属性质不同,因而生成的金属有机化合物的种类也就不
同。图 4-16 中给出了各种元素形成 M—C 键的类型。这里
重点介绍共价型金属有机化合物与过渡金属羰基化合物。

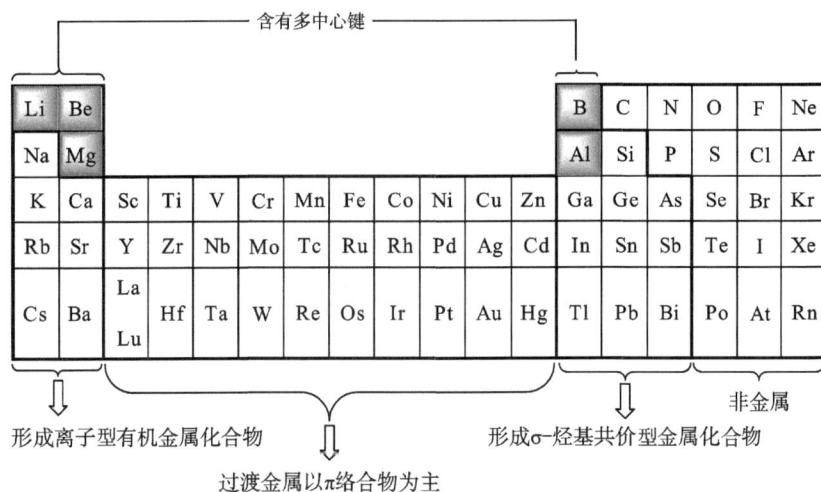

图 4-16　各元素形成金属有机化合物的成键类型

1. 共价型金属有机化合物

根据 M—C 共价键的特点,可以将共价型金属有机化合
物分成以下三类。

1)含有 σ 共价键的金属有机化合物

这类化合物具有典型的 M—C 共价键。相对于容易形成
离子型 M—C 键的活泼金属(电负性小),电负性较大的金属
容易形成这类化合物,如主族金属(Sn、Pb)及后过渡金属
(Zn、Cd、Hg)。这类化合物中,金属和有机基团各提供一个电
子,形成两中心共价键,典型的有:$Sn(CH_2CH_2CH_2CH_3)_4$、
$Hg(CH_3)_2$ 等,其中的烃基也是可以取代的。一些过渡金属如
Ti、W 等,也可以和烃基键合形成 σ 共价化合物,如 $Ti(CH_3)_4$、
$W(CH_3)_6$ 等。典型的 σ 共价金属有机化合物与一般的由共价
键形成的有机物具有相似的性质:易溶于非极性溶剂、具有明
显的挥发性、稳定性高等。M—C 共价键的稳定性与传统的共

价键相似,随着金属共价半径的增大而降低。

2)含多键中心的金属有机化合物

从这类化合物的 M—C 键的特性来看,它们介于离子型和 σ 共价型之间。形成这类 M—C 键的金属主要是 Li、Be、Mg、Al 等轻金属。由于形成的金属有机化合物中含有多键中心,所以通常以低聚甚至高聚的形式存在,且与硼烷相似,是缺电子化合物。此类化合物的典型结构如图 4-17 所示。它们的熔、沸点较低,并具有挥发性。

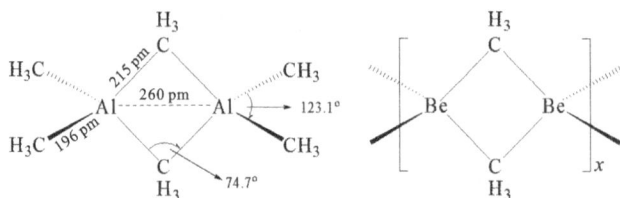

图 4-17 含有多键中心的金属有机化合物的典型结构

3)含有 π 键的金属有机化合物

这类化合物中的 M—C 键与传统配位键非常相似,是由过渡金属与含有 π 键的配体(π 配体)键合而成。其中,π 键配体是指含有碳-碳多重键的基团或分子。π 键可以是孤立的定域 π 键,也可以是共轭的离域 π 键。这类配体以多个碳原子与金属配位,不仅提供自身的 π 键电子(π 电子)与金属键合,同时还提供 π^* 反键空轨道接受金属的 d 电子,形成反馈 π 键,也就是配体中的碳原子既为 π 给体,又为 π 受体。含有 π 键的 CO 作为无机配体与过渡金属的成键方式和 π 配体有相似之处,但也有不同。共同之处在于能形成反馈 π 键,即 CO 可以 $p\pi^*$ 空轨道接受金属反馈的 d 电子;不同之处表现在 CO 提供的是 σ 电子而非 π 电子。按照路易斯酸碱理论,CO 是 σ 碱,同时又是 π 酸。类似的其他的 π 酸配体还有 RNC、N_2、NO、膦、胂等。它们与过渡金属的成键方式与 CO 相似,不同的是膦、胂等利用 $d\pi^*$ 空轨道接受金属反馈的 d 电子。

2. 过渡金属羰基化合物

CO 作为重要的 σ 给予体和 π 接受体可以和很多低氧化态的(+1、0、-1)过渡金属形成金属有机化合物,按照其结构特点可以分为单核、双核及多核羰基化合物。多核羰基化合物属于原子簇化合物的范畴。它们的形成与过渡金属的电子结构密切相关,周期表中过渡金属元素形成羰基化合物的结构如表 4-4 所示。由于这些金属有机化合物的结构与化学键的特点,以及它们广泛的潜在应用,引起了研究者的浓厚兴趣。

表 4-4　各过渡金属形成二元羰基化合物的结构

金属	价电子	所在族	所属过渡系	形成的典型羰基化合物
钒(V)	5	VB	第一过渡系	$V(CO)_6$
铬(Cr)	6	VIB	第一过渡系	$Cr(CO)_6$
锰(Mn)	7	VIIB	第一过渡系	$Mn_2(CO)_{10}$
铁(Fe)	8	VIII	第一过渡系	$Fe(CO)_5$,$Fe_2(CO)_9$,$Fe_3(CO)_{12}$
钴(Co)	9	VIII	第一过渡系	$Co_2(CO)_8$,$Co_4(CO)_{12}$
镍(Ni)	10	VIII	第一过渡系	$Ni(CO)_4$
钼(Mo)	6	VIB	第二过渡系	$Mo(CO)_6$
锝(Tc)	7	VIIB	第二过渡系	$Tc_2(CO)_{10}$
钌(Ru)	8	VIII	第二过渡系	$Ru(CO)_5$,$Ru_3(CO)_{12}$
铑(Rh)	9	VIII	第二过渡系	$Ru_4(CO)_{12}$,$Ru_6(CO)_{16}$
钨(W)	6	VIB	第三过渡系	$W(CO)_6$
铼(Re)	7	VIIB	第三过渡系	$Re_2(CO)_{10}$
锇(Os)	8	VIII	第三过渡系	$Os(CO)_5$,$Os_3(CO)_{12}$
铱(Ir)	9	VIII	第三过渡系	$Ir_4(CO)_{12}$
铂(Pt)	10	VIII	第三过渡系	$[Pt(CO)_3]_n$

　　单核二元羰基化合物：由一个过渡金属中心和若干数目的 CO 组成，因此其通式是 $M(CO)_n$。

　　双核二元羰基化合物：由两个过渡金属中心和若干数目的 CO 组成，通过 M—M 键形成二聚体，金属中心各自提供给对方一个电子使金属周围的价电子数达到 18 个。化合物中 CO 的配位方式有两种：端基配位(t)和桥基配位(b)。在图 4-18 所示的 $Mn_2(CO)_{10}$ 中 CO 全部是端基配位，在 $Fe_2(CO)_9$ 中 CO 既有端基配位形式，也有桥基配位形式。

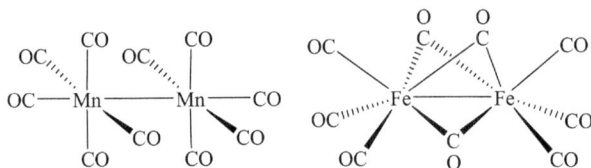

图 4-18　$Mn_2(CO)_{10}$ 结构

3. 过渡金属羰基化合物的成键特性

　　CO 中的一个 σ 键和两个 π 键分别源于 4σ 分子轨道和两个简并的 1π 分子轨道，这三个成键轨道对 CO 分子的稳定性贡献最大。3σ 分子轨道的一对电子是氧原子的孤对电子；5σ

分子轨道的一对电子则来源于碳原子的孤对电子,同时它也是 CO 分子的高占轨道(HOMO),因此这对电子能量较高,比较活泼,倾向于与填入过渡金属的空轨道形成 σ 键。另外,CO 的能量最低的空轨道(LUMO)是 2π 反键分子轨道,有能力接纳金属电子,所以 CO 既是电子给体又是电子受体。正是由于 CO 分子轨道这样的特点,就决定了它与过渡金属键合时的成键特性。

CO 与过渡金属成键的 σ-π 配键协同效应:CO 与过渡金属成键时,同时生成 σ 键和 π 键。成键作用如图 4-19 所示。

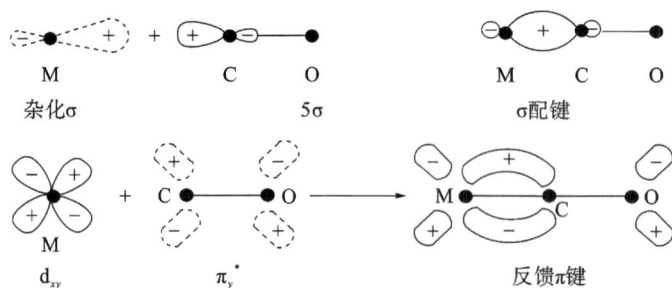

图 4-19 CO 分子和过渡金属 σ 键和反馈 π 键的形成

当 CO 分子充满电子的 5σ 轨道与金属 σ 杂化轨道交叠成键时,电子由碳原子转向金属。根据电中性原理,金属上多余的负电荷转向 CO 配体,而 CO 分子恰巧有空的 2π 反键轨道可以接受金属同样具有 π 对称性的 d 轨道上反馈过来的电子,从而交叠生成 π 键,因此称为反馈 π 键。这种电子反馈过程使金属的有效核电荷数增加、配体电子密度提高,使得配体到金属的 σ 键增强,化合物的稳定性得到提高。因此,反馈 π 键的生成强化了 σ 配键;而 σ 配键强化的过程中,使金属原子上负电荷密度增大,又有利于电子从金属到配体的反馈,从而反馈 π 键也得到加强。这两种成键作用相互促进、相互加强、相辅相成的现象,被称为 σ-π 配键协同效应。

思 考 题

4-1 举例说明下列术语:

(1)配体场分裂能;(2)配位场稳定化能;(3)反馈 π 键。

4-3 根据相关理论说明下列物质的磁性:

(1)$[Ni(CN)_4]^{2-}$;(2)$[NiCl_4]^{2-}$;(3)$[Ni(H_2O)_6]^{2+}$。

4-4 光谱化学序列的大致顺序为:

$$\xrightarrow{\Delta_\circ 增大}$$

π配体给予体<弱π配体给予体<无π效应配体<π接受体配体

$$I^- < Br^- < Cl^- < F^- < H_2O < NH_3 < PPh_3 < CN^- < CO$$

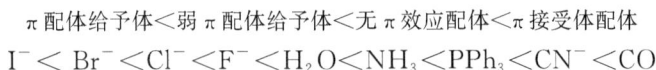

回答下列问题：

(1)$\Delta_\circ$增大的趋势可否用简单的静电场理论解释？为什么？

(2)为什么中性配体 H_2O 和 NH_3 比阴离子 I^-、Br^-、Cl^- 等的场强大？

(3)CN^- 和 CO 为强长配体的原因是什么？

(4)从上述光谱化学序列可以看出，H_2O 在 Cl^- 之后，是中等强度配体，但为什么 $[RuCl_6]^{3-}$ 和 $[Ru(H_2O)_6]^{2+}$ 中的 $\Delta_\circ$ 几乎相等？

习　　题

4-1　命名下列配位化合物，并指出中心离子、配位体、配位原子、配位数、配离子的电荷数。

(1)$K_2[HgI_4]$;　　　　　　(2)$[CrCl_2(H_2O)_4]Cl$;　　　　(3)$[Co(NH_3)_2(en)_2](NO_3)_2$;

(4)$Fe_3[Fe(CN)_6]_2$;　　　(5)$Fe(CO)_5$;　　　　　　　　(6)$K[Co(NO_2)_4(NH_3)_2]$;

(7)$(NH_4)_2[FeCl_5(H_2O)]$;　　　　　　　　　　　　　　(8)$[Pt(NH_3)_2Cl_2]$.

4-2　写出下列配合物的化学式：

(1)硫酸四氨合铜(Ⅱ)；　　　　　　　　　　　　(2)六氯合铂(Ⅳ)酸钾；

(3)氯化二氯三氨一水合钴(Ⅲ)；　　　　　　　(4)四硫氰二氨合钴(Ⅲ)酸铵。

4-3　试用价键理论说明下列配离子的类型、空间构型和磁性。

(1)$[CoF_6]^{3-}$ 和 $[Co(CN)_6]^{3-}$;

(2)$[Ni(NH_3)_4]^{2+}$ 和 $[Ni(CN_4)]^{2-}$.

4-4　根据价键理论，指出下列配离子的成键轨道类型(内轨型或外轨型)和空间结构。

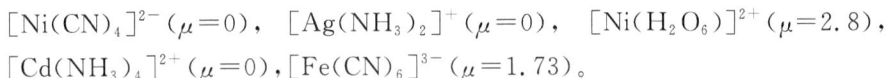

$[Ni(CN)_4]^{2-}(\mu=0)$, $[Ag(NH_3)_2]^+(\mu=0)$, $[Ni(H_2O_6)]^{2+}(\mu=2.8)$, $[Cd(NH_3)_4]^{2+}(\mu=0)$, $[Fe(CN)_6]^{3-}(\mu=1.73)$.

4-5　根据晶体场理论的 d 轨道能级图，填充处在下列配位情况下的 d 电子

(1)d^4，八面体场，低自旋；　　　　　　　　(2)d^6，四面体场，高自旋；

(3)d^7，八面体场，高自旋；　　　　　　　　(4)d^9，平面正方形场。

4-6　下列配合物中哪些配合物是顺磁性？请说明理由。

$[Mo(NCS)_6]^{2-}$, $[Fe(CN)_6]^{3-}$, $[Fe(CN)_6]^{4-}$, $[Cr(CN)_6]^{4-}$, $[Cr(NH_3)_6]^{3+}$, $[Co(H_2O)_6]^{2+}$, $[RhF_6]^{3-}$, $[RuF_6]^{3-}$.

参 考 文 献

[1] 和玲,梁军艳. 无机与分析化学[M]. 2 版. 北京:高等教育出版社,2023.

[2] 大连理工大学无机化学教研室. 无机化学[M]. 6 版. 北京:高等教育出版社,2018.

[3] ATKINS P,JONES L,LAVERMAN L,et al. Chemical Principals:The Quest For Insight[M]. 6th ed. New York:W. H. Freeman and Company,2016.

[4] SILBERBERG M S. Principal of General Chemistry[M]. 3rd ed. Los Angeles:McGraw-Hill,2013.

[5] LEE H,CHOI T,LEE Y. A graphene-based electrochemical device with thermoresponsive microneedles for diabetes monitoring and therapy. [J]. Nat Nanotechnol,2016,11(6):566−572.

[6] GAO W,EMAMINEJAD S,NYEIN H Y Y,et al. Fully integrated wearable sensor arrays for multiplexed in situ perspiration analysis[J]. Nature,2016,529(7587):509−514.

[7] POLLAK D,GODDARD R,PÖRSCHKEET K-R,et al. $Cs[H_2NB_2(C_6F_5)_6]$ featuring an unequivocal 16-coordinate cation[J]. Journal of the American Chemical Society,2016,138:9444−9451.